Salim Makhloufi

Optimisation des installations photovoltaïques

Salim Makhloufi

Optimisation des installations photovoltaïques

Par des techniques intelligentes

Presses Académiques Francophones

Impressum / Mentions légales

Bibliografische Information der Deutschen Nationalbibliothek: Die Deutsche Nationalbibliothek verzeichnet diese Publikation in der Deutschen Nationalbibliografie; detaillierte bibliografische Daten sind im Internet über http://dnb.d-nb.de abrufbar.
Alle in diesem Buch genannten Marken und Produktnamen unterliegen warenzeichen-, marken- oder patentrechtlichem Schutz bzw. sind Warenzeichen oder eingetragene Warenzeichen der jeweiligen Inhaber. Die Wiedergabe von Marken, Produktnamen, Gebrauchsnamen, Handelsnamen, Warenbezeichnungen u.s.w. in diesem Werk berechtigt auch ohne besondere Kennzeichnung nicht zu der Annahme, dass solche Namen im Sinne der Warenzeichen- und Markenschutzgesetzgebung als frei zu betrachten wären und daher von jedermann benutzt werden dürften.

Information bibliographique publiée par la Deutsche Nationalbibliothek: La Deutsche Nationalbibliothek inscrit cette publication à la Deutsche Nationalbibliografie; des données bibliographiques détaillées sont disponibles sur internet à l'adresse http://dnb.d-nb.de.
Toutes marques et noms de produits mentionnés dans ce livre demeurent sous la protection des marques, des marques déposées et des brevets, et sont des marques ou des marques déposées de leurs détenteurs respectifs. L'utilisation des marques, noms de produits, noms communs, noms commerciaux, descriptions de produits, etc, même sans qu'ils soient mentionnés de façon particulière dans ce livre ne signifie en aucune façon que ces noms peuvent être utilisés sans restriction à l'égard de la législation pour la protection des marques et des marques déposées et pourraient donc être utilisés par quiconque.

Coverbild / Photo de couverture: www.ingimage.com

Verlag / Editeur:
Presses Académiques Francophones
ist ein Imprint der / est une marque déposée de
OmniScriptum GmbH & Co. KG
Heinrich-Böcking-Str. 6-8, 66121 Saarbrücken, Deutschland / Allemagne
Email: info@presses-academiques.com

Herstellung: siehe letzte Seite /
Impression: voir la dernière page
ISBN: 978-3-8381-4012-4

République Algérienne Démocratique et Populaire
Ministère de l'Enseignement Supérieur et de la Recherche Scientifique

T H E S E

Présentée à

l'Université Hadj Lakhdar Batna

Faculté de Technologie
Département d'Electronique

En vue de l'obtention du diplôme de

DOCTORAT EN SCIENCES

Présentée par

MAKHLOUFI SALIM

Maître Assistant à l'Université d'Adrar
Magister en Electronique – Universèté de Batna
Ingénieur d'Etat en Electronique – Université de Batna

◊

CONTRIBUTION A L'OPTIMISATION DES INSTALLATIONS PHOTOVOLTAIQUES PAR DES COMMANDES INTELLIGENTES

◊

Thèse soutenue le : 19 janvier 2013 devant le jury :

Lamir SAIDI	Président	Professeur	Univ. Batna
Rachid ABDESSEMED	Rapporteur	Professeur	Univ. Batna
Boubaker AZOUI	Examinateur	Professeur	Univ. Batna
Djallel KERDOUN	Examinateur	Maître de Conférences	Univ. Constantine
Abderrahmane DIB	Examinateur	Maître de Conférences	Univ. OEBouaghi
Djamel RAHEM	Examinateur	Maître de Conférences	Univ. OEBouaghi

Thèse préparée au sein du Laboratoire d'Electrotechnique de Batna (LEB)

A mes chers parents
A ma femme et mes enfants
A ma sœur et mes frères et leurs familles
Je dédie ce travail

1

REMERCIEMENTS

Au terme de ce travail, fruits de longues années de labeur, mes remerciements vont tout d'abord à Allah le tout puissant, le miséricordieux de m'avoir donné la force et la capacité pour le mener à bout.

Mes profonds remerciements vont après à mon directeur de thèse monsieur **Rachid ABDESSEMED** *professeur à l'université de BATNA pour avoir accepté de m'encadrer, pour son aide, ces encouragements et ces conseils précieux.*

Je tiens particulièrement à remercier Monsieur **Lamir SAIDI** *Professeur à l'Université de Batna, pour l'honneur qu'il m'a fait en acceptant d'assurer la présidence du jury.*

Mes vifs remerciement vont également à monsieur **Boubaker AZOUI** *professeur à l'Université de Batna, à monsieur* **Djallel KERDOUN** *maître de conférences à l'Université de Constantine, à monsieur* **Abderrahmane DIB** *maître de conférences à l'Université d'Oum El Bouagui ainsi qu'à monsieur* **Abderrahmane DIB** *maître de conférences à l'Université d'Oum El Bouagui pour avoir accepté de juger ce travail.*

Mes remerciements s'adressent enfin à tous ceux ou celles qui ont contribués de près ou de loin à l'aboutissement de ce travail.

SOMMAIRE

SOMMAIRE

Nomenclature

A	Facteur d'identité
C	Capacité du bus continu
C_{pv}	Capacité du filtre aux bornes du générateur photovoltaïque
d	Facteur de lissage
f	Matrice des connexions
FF	Facteur de forme
$I_{cc,ref}$	Courant de court circuit sous les conditions de référence
$I_{mp,ref}$	Courant optimum du GPV sous les conditions de référence
I	Courant de sortie de la cellule photovoltaïque
I_{cc}	Courant de court-circuit mesuré aux bornes de la cellule PV
I_m	Vecteur contenant les courants modulés
I_o	Courant de saturation de la cellule
$I_{o,ref}$	Courant de saturation sous les conditions de référence
I_{ph}	Courant photogénéré
$I_{ph,ref}$	Courant photogénéré sous les conditions de référence
I_s	Vecteur des courants commutés
i_{dc}	Courant à la sortie du convertisseur DC/DC
i_l	Courant traversant la bobine de l'adaptateur d'impédance
i_{lref}	Référence du courant i_l
i_m	Courant modulé
i_{pv}	Courant délivré par le générateur photovoltaïque
i_{mond}	Courant modulé de l'onduleur
i_{mond_ref}	Référence du courant modulé de l'onduleur
i_{s1}, i_{s2}	Courants réseau
i_{s1ref}, i_{s2ref}	Références des courants réseau
K	Gain statique
k	Constante de Boltzmann
$k_0, k_1,$ et k_2	Coefficients de corrélation
k_i	Gain de l'intégrateur du correcteur PI
k_p	Gain de l'amplificateur du correcteur PI
L_f	Inductance du filtre réseau
L_{pv}	Inductance du filtre aux bornes du générateur photovoltaïque
m	Fonction de conversion du convertisseur DC/DC
m_1, m_2	Composantes de la matrice de conversion de l'onduleur
m_{12}, m_{23}, m_{31}	Fonctions de conversion triphasées
m_{ref}	Référence de la fonction de conversion du convertisseur DC/DC
n_p	Nombre de branches en parallèle du panneau PV
n_s	Nombre de cellules en série d'une branche
$P_{pv,rated}$	Capacité nominale du générateur photovoltaïque
P	Puissance active
$P_{inv,rated}$	Puissance nominale d'entrée de l'onduleur
P_{in}	Puissance incidente
$P_{inv,n}$	Sortie normalisée de l'onduleur
$P_{max\ idéale}$	Puissance mesurée aux bornes de la cellule PV idéale
$P_{pv,n}$	Entrée normalisée de l'onduleur

P_{ref}	Référence de la puissance active
Q	Puissance réactive
Q_{ref}	Référence de la puissance réactive.
q	Charge de l'électron
R	Résistance du bus continu
R_d	Rapport de dimensionnement
R_f	Résistance du filtre réseau
R_{pv}	Résistance du filtre aux bornes du générateur photovoltaïque
R_s	Résistance série du module
S	Puissance apparente
T	Température de la cellule PV
T_a	Température ambiante
T_r	Température de Référence
u_m	Tension modulée
u_{m1}, u_{m2}	Tensions modulées composées du réseau
u_{m1ref}, u_{m2ref}	Références des tensions modulées composées du réseau
u_{r1}, u_{r2}	Tensions composées du réseau
V_{co}	Tension de circuit ouvert mesurée aux bornes de la cellule PV
$V_{co,ref}$	Tension de circuit ouvert sous les conditions de référence
$V_{mp,ref}$	Tension optimum du GPV sous les conditions de référence
V	Tension de sortie de la cellule photovoltaïque
V_m	Tension modulée du convertisseur DC/DC
V_{m1}, V_{m2}, V_{m3}	Tensions modulées simples du réseau
V_{pv}	Tension aux bornes du générateur photovoltaïque
V_{pvref}	Référence de la tension aux bornes du générateur PV
δ	Déclinaison
ε	Barrière de potentiel du silicium
θ	Angle d'incidence
θ_z	Angle du zénith
λ	Ensoleillement
λ_G	Ensoleillement horizontal global
λ_β	Ensoleillement totale reçu sur une surface inclinée
ρ	Réflectivité du sol
ζ	Amortissement
τ	Horaire solaire
τ_n	Taux de distorsion harmonique rang par rang
ϕ	Latitude géographique
ω	Angle horaire
ω_n	Pulsation propre
ω_o	Fréquence de résonance du correcteur résonant

Abréviations

PV	Photovoltaïque
GPV	Générateur Photovoltaïque
THD	Taux de distorsion harmonique
MPPT	Maximum power point tracker
T2FLO	Type-2 fuzzy logic optimizer

INTRODUCTION GENERALE

INTRODUCTION GENERALE

La production d'énergie est un grand et important défi pour les années à venir, pour pouvoir satisfaire les besoins énergétiques qui sont de plus en plus croissant.

Actuellement, la production d'énergie dans le monde est basée presque totalement sur les sources fossiles, sources qui présentent les inconvénients d'être limitées et qui constituent un grand danger écologique à cause des émissions de gazes à effet de serre.

Les énergies renouvelables (l'énergie solaire, géothermique, biomasse, éolienne, hydraulique...) sont des énergies à coût élevée actuellement; néanmoins ils sont, à l'opposé des énergies fossiles, des ressources illimitées.

L'énergie solaire photovoltaïque devient de plus en plus une solution qui promet de substituer les énergies fossiles; ceci grâce à ces avantages dont on peut citer l'abondance, l'absence de toute pollution et la disponibilité en plus ou moins grandes quantités en tout points du globe terrestre. C'est aussi une énergie fiable (aucune pièce mécanique en mouvement), modulable (taille adaptable des installations), et qui peut être produite au plus proche du lieu de consommation.

L'effet photovoltaïque, découvert par Antoine Becquerel en 1889, est l'effet propre aux semi-conducteurs de pouvoir transformer l'énergie d'un photon pour mettre en mouvement les électrons de la matière créant ainsi un courant électrique.

Les systèmes photovoltaïques présentent des caractéristiques fortement non linéaires, leur production d'énergie dépend des conditions climatiques qui sont hautement aléatoires. Tout cela rend la conception d'un système photovoltaïque optimisé difficile.

Le développement de techniques performantes devient indispensable pour palier à ce problème.

L'utilisation des techniques intelligentes connaît un grand essor actuellement, que ce soit pour la modélisation, l'identification ou la commande des systèmes; ceci grâce à leurs adaptabilités face aux changements des paramètres des systèmes, et leurs robustesses envers les perturbations et les erreurs de modélisation. Ceci les rend très adaptées pour être des solutions viable et performante pour le problème de l'optimisation des systèmes photovoltaïques.

On distingue deux grands types d'applications susceptibles d'être alimentées par l'énergie photovoltaïque, à savoir : les systèmes de production autonomes pour l'alimentation de sites ou d'équipements isolés et non raccordés au réseau électrique, les systèmes de production raccordés au réseau de distribution de l'électricité.

Les systèmes photovoltaïques connectés aux réseaux, et grâce à l'amélioration du rendement des panneaux photovoltaïques, promettent d'être l'avenir du photovoltaïque. Cependant, la connexion au réseau d'un générateur externe comme le générateur photovoltaïque impose quelques défis techniques à surmonter.

Dans ce travail nous allons essayer d'apporter une contribution dans ce sens en utilisant des techniques intelligentes tel que la logique floue type-1 et type-2 et les réseaux de neurones.

Au premier chapitre, nous allons présentés des généralités sur les systèmes photovoltaïques. Nous allons brièvement décrire les cellules solaires les plus couramment utilisées; les avantages et les inconvénients de chaque type seront mentionnés. La modélisation de la cellule photovoltaïque ainsi que les différentes caractéristiques de celle-ci seront détaillées.

Nous allons ensuite présenter les deux grandes familles des systèmes solaires photovoltaïques. Les composantes de chaque type d'installation seront décrites.

Dans le second chapitre nous présenterons les différentes topologies des systèmes photovoltaïques connectés au réseau. La modélisation et la commande des différentes composantes du système choisi seront abordées. Les différentes méthodes classiques pour la recherche du point de puissance maximale (MPPT) seront ensuite présentées; et quelques méthodes de synchronisation des courants injectés au réseau seront exposées. Le système sera simulé dans l'environnement Matlab/SIMULINK.

Dans le troisième chapitre, nous allons essayer d'apporter une contribution à l'optimisation des installations photovoltaïques par des techniques intelligentes. Pour l'optimisation du fonctionnement du générateur photovoltaïque, un MPPT à base de la logique floue type-1 sera étudié. Un générateur de connexions basé sur les réseaux de neurones sera proposé.

Le quatrième chapitre sera consacré à la détermination du rapport de dimensionnement optimum entre le générateur photovoltaïque et l'onduleur, pour une installation photovoltaïque connectée au réseau, et ce pour quatre villes algériennes en utilisant la logique floue type-2.

11

CHAPITRE I

Généralités sur les systèmes photovoltaïques

1. Introduction

Exploiter l'énergie de la lumière relève d'une démarche totalement nouvelle par rapport aux sources conventionnelles : pétrole, gaz naturel, charbon, énergie nucléaire.
Son apport énergétique annuel est de plusieurs milliers de fois plus grand que notre consommation globale d'énergie. Cet apport est constant et entièrement renouvelable dans chaque zone climatique.

Il est disponible partout sur la planète et son utilisation, non seulement n'altère pas notre environnement mais au contraire, l'améliore par substitution des énergies fossiles polluantes.

Nous pouvons constater l'écart entre les potentialités et la disponibilité de cette énergie et l'utilisation que nous en faisons pour constater que cette source d'énergie, quasiment illimitée, est assez négligée en faveur d'autres sources d'énergies plus traditionnelles.
Les sources d'énergies solaires sont multiples et variées. Le soleil peut fournir, après transformation, de l'énergie thermique, de l'énergie rayonnante ou de l'énergie électrique.

Notre étude s'attache plus particulièrement à la transformation de l'énergie solaire en énergie électrique grâce à l'utilisation de la technologie de la cellule photovoltaïque ou photopile, plus généralement des photogénérateurs.

L'énergie solaire est tout simplement l'énergie produite par le soleil. Chaque seconde, le soleil produit une énorme quantité d'énergie en convertissant l'hydrogène en hélium. Appelée rayonnement solaire, une telle énergie est diffusée dans l'espace et elle atteint la Terre sous forme de lumière solaire (47%), de rayons ultraviolets (7%) et de rayonnement infrarouge ou de chaleur (46%). La lumière solaire et le rayonnement infrarouge sont les éléments du rayonnement solaire qui fournissent l'énergie que nous pouvons utiliser.

Le rayonnement solaire peut être capté et converti en énergie utile. Les systèmes les plus simples convertissent l'énergie solaire en chaleur faible (températures inférieures au point d'ébullition) pour le chauffage des locaux et de l'eau. Les cellules photovoltaïques, plus sophistiquées, produisent de l'électricité par conversion directe de l'énergie solaire.

Actuellement, le rendement de conversion d'énergie solaire en énergie électrique est encore faible (souvent inférieur à 12 %), ceci ajouté au prix élever des générateur photovoltaïques ont incité à une exploitation optimum des capacités de tels générateurs. Ceci est réalisé souvent à l'aide de dispositif permettant l'adaptation entre la source et l'utilisation. Cette adaptation permet une exploitation maximale, dans les limites des rendements possibles de l'énergie disponible.

2. La cellule photovoltaïque

Une cellule photovoltaïque est un composant électronique qui, exposé à la lumière (photons), génère une tension électrique, cet effet est appelé l'effet photovoltaïque (Bequerelle 1889).

La structure la plus simple d'une cellule photovoltaïque comporte une jonction entre deux zones dopées différemment d'un même matériau où entre deux matériaux différents, la moins épaisse étant soumise au flux lumineux. Chacune des régions est reliée à une électrode métallique au moyen d'un contact ohmique de faible résistance. Le principe de fonctionnement peut être décomposé en deux parties : l'absorption des photons et la collecte des porteurs de charges créés.
La premier étape de la conversion de la lumière en courant électrique est la génération au sein du semi-conducteur des porteurs de charges que sont les électrons libres et les trous par l'absorption de l'énergie des photons lumineux captés par les électrons périphériques, leur permettant de franchir la barrière de potentiel et d'engendrer un courant électrique continu. Des électrodes déposées par sérigraphie sur les deux couches de semi conducteur permettent la collecte de ce courant.

La production d'électricité est proportionnelle à la surface des modules photovoltaïques exposés au soleil et à l'intensité lumineuse. Dépendante des conditions météorologiques, la production est donc aléatoire. L'énergie peut être utilisée en direct (cas des pompes solaires) ou stockée dans des batteries pour une utilisation ultérieure

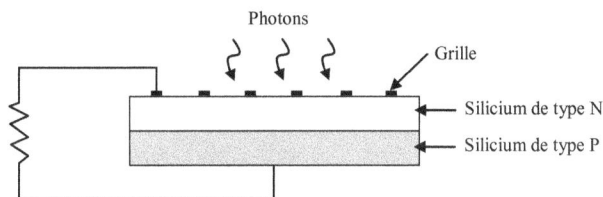

Fig 1.1. Cellule photovoltaïque

Une cellule éclairée convenablement fournit une tension électrique continue de 0,6V (cellule en silicium). Cette tension dépend peu de l'éclairement fourni (sauf quand celui-ci est trop faible). L'intensité, donc la puissance, dépend fortement de l'éclairement et elle est proportionnelle à la surface de la cellule. Elle est de quelques centièmes d'ampère pour une surface très bien ensoleillée de 1 cm^2.

La surface d'une cellule est comprise entre quelques mm^2 (photopile de montre) et 400 cm^2. Il n'y a pas de limite théorique pour cette surface, mais les difficultés techniques, donc les coûts, augmentent avec les dimensions.

Fig 1.2. Cellule photovoltaïque (Monocristalline) [9]

2.1. Les principaux types de cellule

Les cellules les plus répondues actuellement sont à base de silicium (différence de potentiel de 0,6 V). Le tableau 1.1 illustre le rendement des modules et des cellules en fonction des différentes technologies [9]:

Tab 1.1. Principaux types de cellule

Technologie	Rendement de la cellule (laboratoire)	Rendement de la cellule (Production)	Rendement du module (Production)
Mono cristallin	24.7	21.5	16.9
Poly cristallin	20.3	16.5	14.2
Couche mince : Amorphe	13	10.5	7.5

2.1.1. Cellule en silicium amorphe

Le silicium n'est pas cristallisé, il est déposé sur une feuille de verre. La cellule est gris très foncé. C'est la cellule des calculatrices et des montres dites "solaires".

Avantages

- elles fonctionnent avec un éclairement faible (par temps couvert ou à l'intérieur d'un bâtiment).
- elles sont moins chères que les autres.

Inconvénients

- leur rendement (10% environ) est moins bon que les autres en plein soleil,
- leurs performances diminuent sensiblement avec le temps.

2.1.2. Cellule en silicium monocristallin

Lors du refroidissement du silicium fondu on s'arrange pour qu'il se solidifie en ne formant qu'un seul cristal de grande dimension. On découpe le cristal en fines tranches qui donneront les cellules. Ces cellules sont en général d'un bleu uniforme.

Avantage

- Bon rendement (20% environ).

Inconvénients

- les cellules sont chères,
- fonctionnement très médiocre sous un faible éclairement.

2.1.3. Cellule en silicium polycristallin

Pendant le refroidissement du silicium, il se forme plusieurs cristaux. Ce genre de cellule est également bleu, mais pas uniforme, on distingue des motifs créés par les différents cristaux.

Avantages

- bon rendement (13% environ), mais cependant moins bon que pour le monocristallin
- moins cher que le monocristallin.

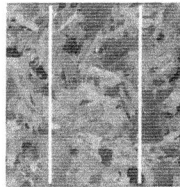

Inconvénients

- les mêmes que le monocristallin.

Ce sont les cellules les plus utilisées pour la production électrique (meilleur rapport qualité-prix).

Il existe d'autres types de cellule qui sont en cours de développement et que nous ne citerons pas ici [1], [8].

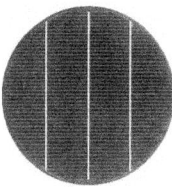

Cellule monocristalline   *Cellule polycristalline*   *Cellule amorphe*

Fig 1.3. Les principaux types de cellule [9]

2.2. Modélisation de la cellule photovoltaïque

La caractéristique I-V d'une cellule PV élémentaire est modélisée par le circuit équivalent bien connu de la figure 1.4. Ce circuit introduit une source de courant et une diode en parallèle, ainsi que des résistances série R_s et parallèle (shunt) R_{sh} pour tenir compte des phénomènes dissipatifs au niveau de la cellule [2], [6].

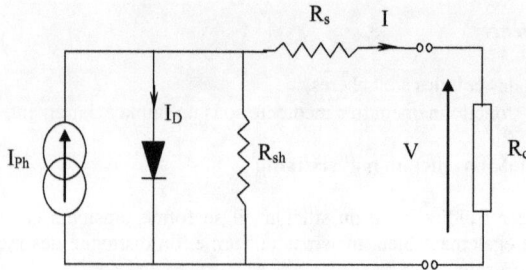

Fig 1.4. Circuit équivalent d'une cellule photovoltaïque

La résistance série est due à la contribution des résistances de base et du front de la jonction et des contacts face avant et arrière. La résistance parallèle est une conséquence de l'état de surface le long de la périphérie de la cellule. Ce circuit peut être utilisé aussi bien pour une cellule élémentaire, que pour un module ou un panneau constitué de plusieurs modules.

L'équation reliant le courant délivré par une cellule PV et la tension à ses bornes est donnée par:

$$I_{ph} = I_{R_{sh}} + I + I_D \qquad (1.1)$$

Le courant qui traverse la résistance shunt est donnée par :

$$I_{R_{sh}} = \frac{V + IR_s}{R_{sh}} \qquad (1.2)$$

Le courant de jonction est donné par:

$$I_D = I_0 \left[\exp\left\{ \frac{q(V + IR_s)}{AKT} \right\} - 1 \right] \qquad (1.3)$$

En remplaçant les expressions de I_D et I_{Rsh} on obtient:

$$I = I_{ph} - I_0 \left[\exp\left\{ \frac{q(V + IR_s)}{AKT} \right\} - 1 \right] - \left(\frac{V + IR_s}{R_{sh}} \right) \qquad (1.4)$$

Si on suppose que la résistance R_{sh} est très grande (cas de silicium monocristallin) L'expression de I devient :

$$I = I_{ph} - I_0 \left[exp\left\{ \frac{q(V + IR_s)}{AKT} \right\} - 1 \right] \qquad (1.5)$$

$$V = \frac{AKT}{q} \ln\left(\frac{I_{ph} - I + I_0}{I_0}\right) - IR_s \qquad (1.6)$$

Où :

$$I_{ph} = I_{ph,ref} \frac{\lambda}{\lambda_{ref}} \quad [31] \qquad (1.7)$$

$$I_o = I_{oref}\left(\frac{T}{T_{ref}}\right)^3 exp\left[\frac{q\varepsilon}{Ak}\left(\frac{1}{T_{ref}} - \frac{1}{T}\right)\right] \qquad (1.8)$$

Où :

V : tension de sortie de la cellule,
I : courant de sortie de la cellule,
I_{ph} : courant photo-généré,
I_o : courant de saturation de la cellule,
A : facteur d'identité,
k : constante de Boltzmann ($13805 \cdot 10^{-23}$ Nm/°K),
$I_{ph,ref}$: courant photo-généré conditions de référence,
T : température de la cellule PV (° K),
T_r : température de Référence (° K),
q : charge de l'électron ($1.6 \cdot 10^{-19}$ C),
R_s : résistance série de la cellule PV (Ω),
I_{cc} : courant de court-circuit,
λ : ensoleillement (W/m^2),
ε : barrière de potentiel du silicium (1.10 eV),
I_{oref} : courant de saturation de la cellule PV aux conditions de référence,
La détermination des paramètres A, $I_{ph,ref}$ et I_{oref} sera détaillée dans le chapitre 4.

2.3. Caractéristique courant – tension

La caractéristique courant-tension, illustrée dans la figure 1.5 décrit le comportement de la cellule photovoltaïque sous l'influence des conditions météorologiques (niveau d'éclairement et température ambiante).
La courbe de la cellule solaire $I=f(V)$ passe par trois points importants qui sont :

- Le courant de court-circuit I_{cc} en C ;
- La tension de circuit ouvert V_{co} en F ;
- La puissance maximale en A.

La figure 1.5 montre bien qu'une cellule photovoltaïque ne peut être assimilée à aucun générateur classique (générateur de courant ou générateur de tension).
En effet, sa caractéristique se divise en trois parties : la zone CD où la cellule se comporte comme un générateur de courant I_{cc} proportionnel à l'ensoleillement ; la zone EF où la cellule se comporte comme un générateur de tension V_{co} et la zone DE où l'impédance interne du générateur varie rapidement.

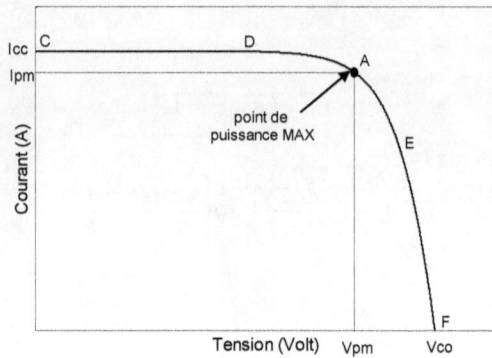

Fig 1.5. Courbe caractéristique I = f (V) d'une cellule PV

2.3.1. Tension de circuit ouvert V_{CO}

La tension de circuit ouvert est obtenue quand le courant qui traverse la cellule est nul, c'est-à-dire quand la cellule n'alimente aucune charge. Elle dépend de la barrière d'énergie et de la résistance shunt. Elle décroît avec la température et varie peu avec l'intensité lumineuse. On supposant que R_{sh} est suffisamment grande on obtient:

$$V_{co} = \frac{AKT}{q} ln\left(\frac{I_{ph}}{I_0} + 1\right) \qquad (1.9)$$

2.3.2. Courant de court-circuit I_{CC}

Il s'agit du courant obtenu en court-circuitant les bornes de la cellule (en prenant $V=0$ dans le schéma équivalent). Il croît linéairement avec l'intensité d'illumination de la cellule et dépend de la surface éclairée [1], de la longueur d'onde du rayonnement, de la mobilité des porteurs et de la température comme le montre l'équation suivante:

$$I_{cc} = I_{ph} - I_0 \left(e^{\frac{(R_S I_{cc})}{AKT}} - 1\right) - \frac{R_S I_{cc}}{R_{sh}} \qquad (1.10)$$

2.3.3. La puissance caractéristique d'une cellule PV

Dans des conditions ambiantes de fonctionnement fixes (éclairement, température, etc..), la puissance électrique P disponible aux bornes d'une cellule PV est égale au produit du courant continu fourni I par une tension continue donnée V :

$$P = V \times I \qquad (1.11)$$

Où:

19

P : Puissance mesurée aux bornes de la cellule PV (Watt).
V : Tension mesurée aux bornes de la cellule PV (Volt).
I : Intensité mesurée aux bornes de la cellule PV (Ampère).

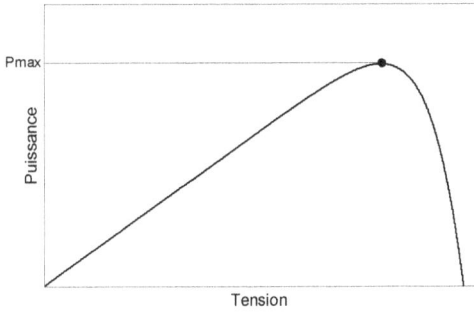

Fig 1.6. Courbe caractéristique P-V

Pour une cellule solaire idéale, la puissance maximum $P_{max\_idéale}$ correspondrait donc à la tension de circuit ouvert V_{co} multipliée par le courant de court-circuit I_{cc}:

$$P_{max\_idéal} = V_{co} \times I_{cc} \qquad (1.12)$$

$P_{max\ idéale}$: Puissance mesurée aux bornes de la cellule PV idéale (Watt).
V_{co} : Tension de circuit ouvert mesurée aux bornes de la cellule PV(Volt).
I_{cc} : Intensité de court-circuit mesurée aux bornes de la cellule PV(Ampère).

Par simplification, les professionnels caractérisent un module PV par sa puissance nominale aux conditions de fonctionnement standard (STC). Ce paramètre n'est autre que la puissance maximale mesuré sous ces conditions (en général un ensoleillement de 1000W/m² et une température de 25°C).

2.3.4. Le facteur de forme

On appelle facteur de forme FF le rapport entre la puissance maximum fournie par la cellule P_{max}, et le produit du courant de court-circuit I_{cc} par la tension de circuit ouvert V_{co} (c'est à dire la puissance maximale d'une cellule idéale) :

$$FF = P_{max}/\left(V_{co}.I_{cc}\right) \qquad (1.13)$$

$$FF = \frac{I_m \times V_m}{I_{cc} \times V_{co}} \qquad (1.14)$$

FF : Facteur de forme.

Le facteur de forme FF est de l'ordre de 70 % pour une cellule de fabrication industrielle.

2.3.5. Rendement de conversion

Le rendement des cellules PV désigne le rendement de conversion en puissance. Il est défini comme étant le rapport entre la puissance maximale délivrée par la cellule et la puissance lumineuse incidente P_{in}.

$$\eta = \frac{P_{max}}{P_{in}} = \frac{FF \times V_{co} \times I_{cc}}{P_{in}} \qquad (1.15)$$

P_{in} : Puissance incidente.

Ce rendement peut être amélioré en augmentant le facteur de forme, le courant de court-circuit et la tension de circuit ouvert.

2.4. Effet de la résistance série

D'une valeur généralement très petite, la résistance série agit sur la pente de la caractéristique dans la zone où la cellule se comporte comme un générateur de tension (figure 1.7). Elle ne modifie pas la tension de circuit ouvert.

La valeur de la résistance série est fonction de la résistivité du matériau semi-conducteur, des résistances de contact des électrodes et de la résistance de la grille collectrice.

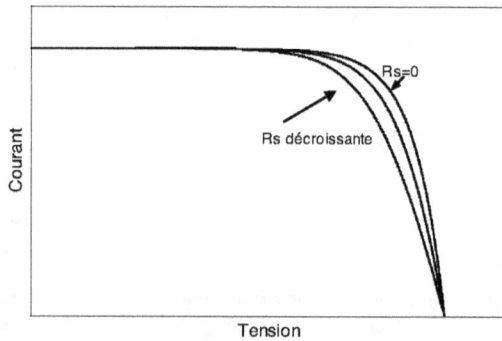

**Fig 1.7. Influence de la résistance série sur la caractéristique
I-V d'un générateur photovoltaïque**

2.5. Effet de la résistance shunt

Il s'agit le plus souvent d'une conductance de fuite. C'est comme si l'on devait soustraire au photo-courant, outre le courant de la diode, un courant supplémentaire proportionnel à la tension développée.

La résistance shunt est en général très élevée. Si elle diminue, on remarque une légère pente au voisinage du point de courant de court-circuit sur la caractéristique I-V de la cellule photovoltaïque (figure 1.8).

Une résistance shunt trop faible aura un impact sur la tension de circuit-ouvert de la cellule : en effet, une cellule photovoltaïque dont la résistance shunt est trop faible ne donnera plus de tension sous un faible éclairement.

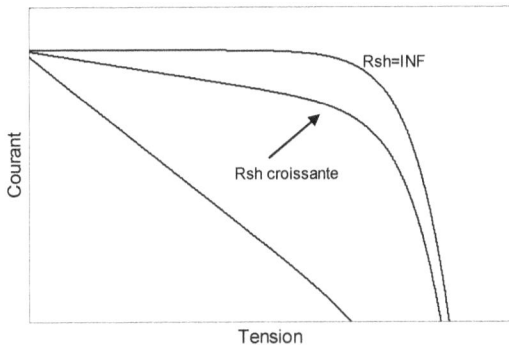

Fig 1.8. Influence de la résistance shunt sur la caractéristique I-V d'un générateur photovoltaïque

2.6. Effet de l'ensoleillement

Une baisse de l'ensoleillement provoque une diminution de la création de paires électron-trou avec un courant à l'obscurité inchangée. Le courant du panneau solaire étant égal à la soustraction du photo-courant et du courant de diode à l'obscurité, il y'a une baisse du courant de court circuit I_{cc} proportionnelle à la variation de l'ensoleillement accompagnée d'une très légère diminution de la tension V_{co} et donc un décalage du point P_{max} du panneau solaire vers les puissances inférieures.

2.7. Effet de la température

Une élévation de la température (de jonction) des cellules solaires provoque un important accroissement de leur courant à l'obscurité et favorise une légère augmentation de la création de paires électron-trou. Le courant du panneau solaire étant égal à la soustraction du photo-courant et du courant de diode à l'obscurité, il y'a une légère augmentation du courant I_{cc} accompagnée d'une forte diminution de la tension V_{co} et donc un décalage du point P_{max} vers les puissances inférieures.

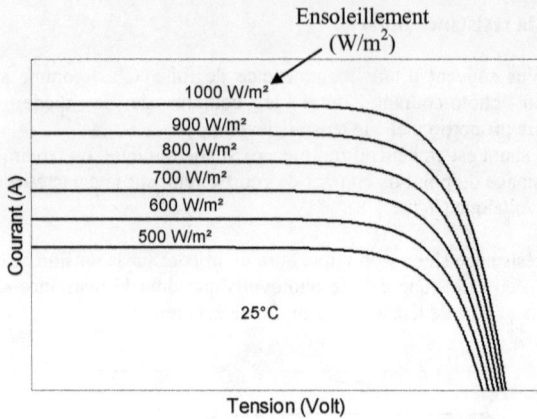

Fig 1.9. Influence de l'ensoleillement sur la caractéristique de la cellule
(Température de 25°C)

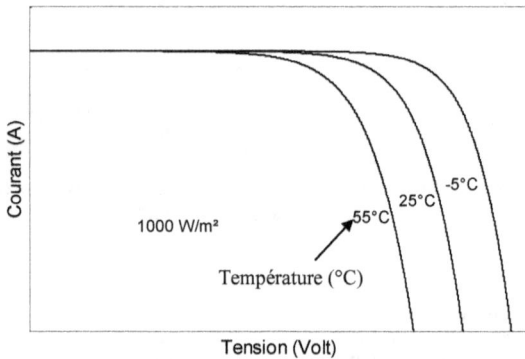

Fig 1.10. Influence de la Température sur la caractéristique de la cellule
(ensoleillement de 1000W/m²)

3. Association des cellules photovoltaïques: Le module photovoltaïque

La puissance produite par une cellule photovoltaïque seule est très faible, elle ne peut pas faire fonctionner le matériel électrique usuel. Il est donc nécessaire d'associer plusieurs de ces cellules en série et en parallèle pour obtenir les caractéristiques électriques désirées (figure 1.11). La courbe obtenue pour une association de cellules est similaire à la courbe d'une seule cellule mais avec un changement sur les échelles des axes du courant et de la tension. Si on associe n_s cellules en série et n_p branches en parallèle en obtient un générateur (module) photovoltaïque avec un courant de court circuit n_p fois plus important que celui de la cellule élémentaire, et une tension de circuit ouvert n_s fois plus élevée que celle de la cellule seule (voir figure 1.12). Des conditions doivent être, cependant respectées pour qu'une telle association soit possible:

- Les caractéristiques des cellules élémentaires doivent être les plus proches possibles (en théorie elles doivent être identiques)
- Elles doivent être soumises aux mêmes conditions de température et d'ensoleillement.

Si ces règles ne sont pas respectées, certaines cellules vont se comporter comme des récepteurs, ce qui entraînera une augmentation de la température, et peut être, une détérioration du module photovoltaïque.

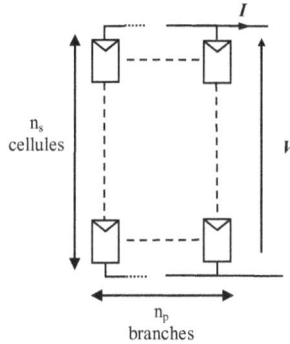

Fig 1.11. Association série-parallèle

L'équation relative à un groupement série-parllèle formé par la mise de n_s cellules en série et de n_p cellules en parallèle est la suivante [3]:

$$I = n_p I_{cc}\left(\frac{\lambda}{\lambda_{ref}}\right) - n_p I_0\left(exp\left(\frac{q\left(V + \frac{n_s}{n_p}R_s I\right)}{n_s AKT}\right) - 1\right) - \frac{n_s V + \frac{n_s}{n_p}R_s I}{\frac{n_s}{n_p}R_{sh}} \qquad (1.16)$$

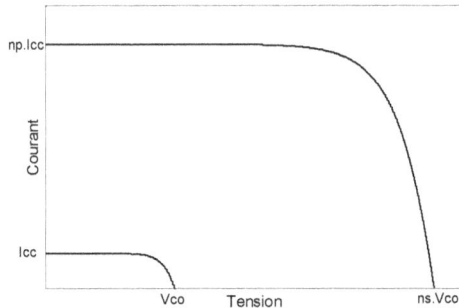

Fig 1.12. Caractéristique du module photovoltaïque

Les cellules associées ensembles sont protégées de l'humidité par encapsulation dans un polymère EVA (éthyléne-vynil- acétate) et protégé sur la surface avant d'un verre trempé à haute transmission et de bonne résistance mécanique (figure 1.13.b), et sur la surface arrière d'une couche de polyéthylène.

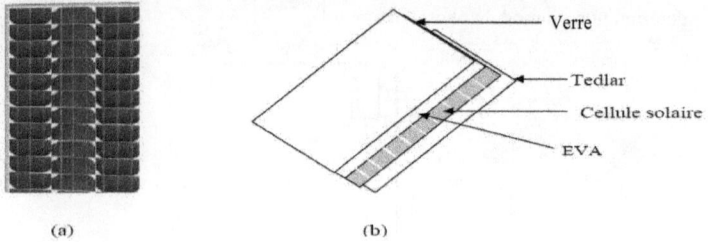

(a)   (b)

Fig 1.13. Module photovoltaïque [4]

Les modules sont généralement entourés d'un cadre rigide en aluminium anodisé comprenant des trous de fixation.

A l'arrière de chaque module se trouve une boite de jonction contenant deux diodes antiparallèles (figure 1.14). Ces diodes antiparallèles permettent d'éviter qu'un module au soleil ne se décharge dans un module à l'ombre.

Fig 1.14. Boite de jonction [5]

4. Panneaux photovoltaïques

C'est un assemblage de module photovoltaïque. Les modules sont en général montés en série. On obtient ainsi une tension plus élevée.
Les panneaux photovoltaïques seront montés eux mêmes en série si on souhaite obtenir une tension supérieure à celle d'un seul panneau ou en dérivation si on

souhaite obtenir une intensité plus importante. Les panneaux les plus courants ont une puissance crête de 40 à 180 Wc (Watt crête) [1].

Fig 1.15. Panneaux photovoltaïques [9]

5. Le champ photovoltaïque

Une association de plusieurs panneaux photovoltaïques forme le champ photovoltaïque. L'emplacement du champ photovoltaïque devra respecter les contraintes suivantes [1]:

- Exposition au rayonnement solaire toute la journée en toute saison.
- Les panneaux doivent être orientés au sud dans l'hémisphère Nord et au nord dans l'hémisphère Sud, et inclinés pour être le plus souvent possible perpendiculaire aux rayons lumineux.
- Accès facile pour le nettoyage.
- Proximité avec la régulation, le stockage et les récepteurs.
- Fixations solides pour résister aux vents : les modules sont généralement fixés soit au sol, soit en toiture, soit en façade.

Fig 1.16. Champ photovoltaïque [1]

6. Différents types d'installations photovoltaïques

Deux types d'installations photovoltaïques existent :

•   Autonomes, ces installations isolées ne sont pas connectées au réseau, mais elles doivent assurer la couverture de la demande de la charge en tout temps. La puissance à la sortie du générateur photovoltaïque ne peut pas assurer seule la demande de charge, l'autonomie du système doit être assurée par un système de stockage d'énergie.

•   Connectés au réseau ou rattachées au réseau de distribution électrique. Dans ces systèmes, les consommateurs standards de puissance AC sont connectés au générateur photovoltaïque via un onduleur (convertisseur DC/AC) parfois bidirectionnel (redresseur/onduleur). Le surplus d'énergie du générateur photovoltaïque est injecté au réseau public et les demandes de puissance qui excèdent la capacité de production du générateur sont fournies par le réseau.

Dans ce qui suit nous allons décrire de façon générale ces installations et leurs différents composants.

6.1. Systèmes connectés au réseau

Le courant produit peut être soit :

•   Consommé directement par le foyer, seul le surplus est vendu en cas d'excédent et le courant nécessaire lorsque la consommation dépasse la production (nuit, ciel couvert, brouillard) est fourni par le réseau ;

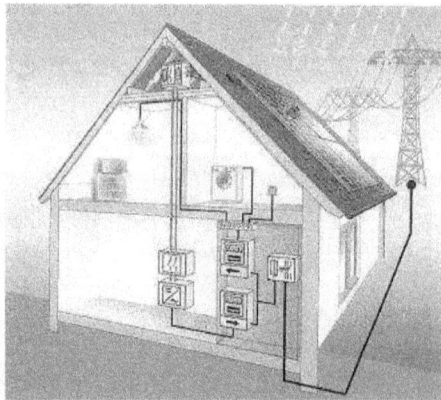

Fig 1.17. Systèmes connectés au réseau [9]

Pour soutenir le développement de la filière, le tarif d'achat du kWh produit par une installation photovoltaïque est supérieur au prix pratiqué par les compagnies électriques pour la vente d'électricité à leurs clients. Il est donc nécessaire de compter séparément les kWh injectés et ceux prélevés sur le réseau, ce qui oblige à installer deux compteurs unidirectionnels (électroniques). En cas d'arrêt de la distribution d'électricité venant du réseau (panne, travaux de la compagnie d'électricité), l'onduleur ne débite aucun courant sur le circuit intérieur ni sur le réseau.

- Injecté directement dans le réseau, la totalité du courant produit est vendu et la totalité du courant consommé est fournie par le réseau. Ainsi, l'électricité produite est vendue au distributeur d'électricité. Des démarches sont nécessaires auprès des différentes parties concernées (gestionnaire du réseau, pouvoirs publics) pour être reconnu comme producteur d'électricité.

6.1.1. Composantes d'un système connecté au réseau

Les différentes composantes Systèmes photovoltaïque connectés au réseau sont:

Le convertisseur continu –continu

Ce type de convertisseur est destiné à adapter à chaque instant l'impédance apparente de la charge à l'impédance du générateur PV correspondant au point de puissance maximal. Ce système d'adaptation est couramment appelé MPPT (maximum power point tracking).
Ce système présente deux inconvénients pour un système photovoltaïque de faible puissance :
- Prix élevé.
- Le gain énergétique annuel par rapport à un système moins complexe (cas d'une régulation de la tension) n'est pas important.

L'onduleur

L'onduleur doit produire peu d'harmoniques, s'accorder sur la fréquence du réseau et doit posséder une déconnexion automatique en cas de problème. Il doit respecter les normes en vigueur est tenir compte des exigences des compagnies d'électricité (surveillance de la tension et fréquence…etc.).

Ces onduleurs peuvent aller de 100 W à des centaines de kW. Ils génèrent leur signal alternatif en utilisant le réseau comme source de signal et de synchronisation ou en utilisant le passage à zéro du réseau pour se synchroniser. Ils sont dotés d'un transformateur, afin d'établir une séparation galvanique avec le réseau ou alors sans transformateur pour un rendement plus élevé.

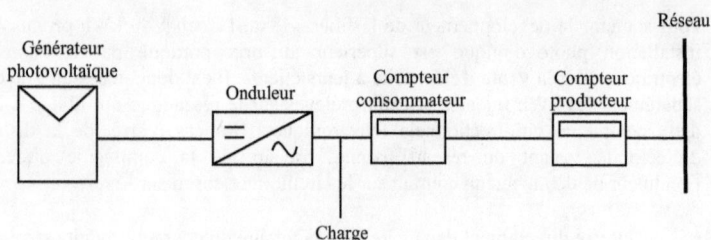

Fig 1.18. Les composantes d'un système photovoltaïque connecté au réseau

Organes de sécurité et de raccordement

Les organes de sécurité et de raccordement assurent des fonctions de protection vis-à-vis de l'utilisateur, de l'installation photovoltaïque et du réseau. Ils se déclinent sous 3 formes :

• La protection de découplage dont l'objectif est de ne pas laisser sous tension un ouvrage en défaut. Elle permet ainsi de déconnecter l'installation photovoltaïque du réseau électrique lorsqu'un problème technique survient [7].
• La protection contre la foudre dont l'objectif est de protéger autant que possible le générateur photovoltaïque des impacts directs (impacts sur la construction) et induit (impacts au sol, surtension véhiculée par le réseau électrique) de la foudre.
• La mise à la terre dont l'objectif est de protéger les personnes et les équipements, d'accroître la fiabilité des équipements et de réduire les risques de détérioration en cas de foudre.

Le comptage de l'énergie injectée et soutirée au réseau

L'un des principes du photovoltaïque raccordé étant de soutirer et de revendre l'électricité au réseau de distribution, un comptage de l'énergie injectée et soutirée doit être réalisé. Ce comptage s'effectue par l'intermédiaire d'au moins deux compteurs, l'un situé aux bornes aval du disjoncteur, l'autre au point de livraison, c'est-à-dire en entrée du réseau.

6.2. Les systèmes en site isolé « autonome »

Le but de l'équipement d'un site isolé, c'est-à-dire un site non relié au réseau public de distribution électrique, d'un générateur photovoltaïque est de lui permettre d'avoir accès aux usages les plus basiques de l'électricité, en général : éclairage, réfrigérateur, poste de radio.

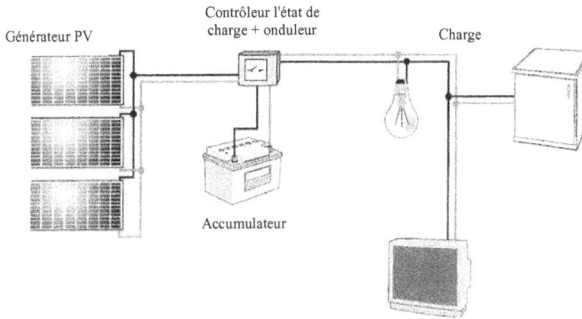

Fig 1.19. Systèmes en site isolé [9]

Les différentes composantes [7]

Batteries

Afin de stocker l'énergie électrique produite en journée par les panneaux PV et pouvoir la réutiliser la nuit ou en période de faible ensoleillement, on utilise un dispositif de stockage de l'énergie électrique : La batterie. Elle est composée d'unités électrochimiques appelées cellules, qui produisent un voltage en transformant l'énergie chimique qu'elles contiennent en énergie électrique. Chaque cellule produit une tension variant entre 1 et 2 V selon le type de batterie. En assemblant ces cellules en série/parallèle, on obtient des tensions de batteries suivantes: 12, 24 ou 48 Volt.

Régulateur de charge/décharge

La fonction première du régulateur est de contrôler la quantité de courant continu qui arrive ou qui sort de la batterie pour éviter qu'elle s'endommage. Il protège la batterie contre une surcharge de courant pouvant provenir du panneau photovoltaïque et contre une éventuelle décharge profonde engendrée par le consommateur, ceci permettre d'augmenter la durée de vie de ce composant assez cher.

Convertisseur CC/CC

Il convertit la tension continue du système ou de la batterie (qui peut varier selon les conditions climatiques) en une tension continue qui convient à certains appareils spéciaux comme les chargeurs de téléphone ou les ordinateurs portables. Le paramètre à surveiller dans le choix d'un convertisseur CC/CC est le rendement. Le rendement standard est de l'ordre 80 à 90% pour les meilleurs.

Onduleur ou convertisseur DC/AC

L'onduleur permet d'alimenter les appareils électrique de faible consommation qui fonctionne avec du courant alternatif.

Dispositif de protection

Une application photovoltaïque exige des protections électriques comme celles utilisées dans une application domestique. Cependant, elles doivent être conforment aux normes applicables à une installation électrique photovoltaïque. Les appareils électriques doivent être protégés par une mise à la terre, par des fusibles, disjoncteurs, parafoudres, interrupteurs, sectionneurs contre tous les défauts électriques pouvant survenir dans les circuits de l'application (surtension, surcharge, fuite de courant, court-circuit etc..).

Câble électrique

Câble en cuivre, connecteurs DC, boite de jonction ou boîtier de raccordement constituent le câblage électrique du système photovoltaïque à raccorder à l'application. Le câblage doit faire l'objet d'une attention particulière car en basse tension toute chute de tension peut être préjudiciable au système. Il doit respecter les normes applicables aux installations photovoltaïques et être dimensionné en fonction du courant maximum admissible et de la chute de tension admissible.

Consommation électrique ou charge électrique

Les systèmes photovoltaïques peuvent alimenter une antenne de télécommunications isolée, une pompe à eau, une tente de bédouin etc.

7. Orientation des capteurs

Pour récupérer le maximum d'énergie, le panneau devra être perpendiculaire aux rayons du soleil. A moins que les panneaux suivent le déplacement du soleil (faire tourner plusieurs dizaines de mètres carrés de capteurs pour suivre le déplacement du soleil est techniquement difficile, donc économiquement très coûteux, pour un gain énergétique modeste, de l'ordre de 30%), cette condition ne sera remplie que pendant une durée assez courte dans la journée .L'orientation du panneau sera choisie en fonction de ce que l'on souhaite récupérer [1].

Par exemple pour un site se trouvant au nord de l'équateur:
• si l'on a besoin d'électricité surtout entre 9 et 10h, il faudra orienter les panneaux au sud-est.
• si on souhaite récupérer le maximum d'énergie ; on choisira l'orientation sud, le soleil étant plus violent vers midi.
• si on se trouve à un endroit où les brouillards matinaux se dissipent lentement, on décalera les panneaux vers le sud-ouest.

L'orientation des panneaux doit donc être étudiée au cas par cas.

8. Inclinaison des panneaux

Là encore il faut que les panneaux soient perpendiculaires aux rayons lorsque le soleil est au sud. Le choix de l'inclinaison dépendra aussi de ce que l'on attend du système photovoltaïque :

• en site isolé, le besoin d'énergie est crucial en hiver ; on favorisera la production de cette saison. A cette époque, les rayons sont très inclinés (le soleil est "bas"). L'angle formé par l'horizontale et le capteur (son inclinaison ou sa pente) devra être voisin de 55°.

• pour un système photovoltaïque relié au réseau, le but est de vendre le maximum d'électricité sur l'année. On favorisera la production estivale qui est la plus abondante. Les panneaux seront donc perpendiculaires aux rayons du soleil d'été.

Remarque : une orientation décalée d'une dizaine de degrés par rapport à la position optimale ne fait pas chuter beaucoup la production. Par contre si le décalage augmente, les pertes deviennent vite importantes.

9. Sources de pertes énergétiques

Un générateur photovoltaïque fonctionne comme un générateur de courant dont la tension de fonctionnement dépend du courant absorbé par la charge qui lui est appliquée. Ces pertes de puissance électrique parviennent au niveau des cellules le constituant et diminuent ainsi considérablement le rendement. Parmi les causes de ces pertes, on peut citer [1]:

• Pertes par ombrage : l'environnement d'un module photovoltaïque peut inclure des arbres, montagnes, murs, bâtiments, etc. Il peut provoquer des ombrages sur le module ce qui affecte directement l'énergie collectée.

• Pertes par "poussière ou saletés" : leur dépôt occasionne une réduction du courant et de la tension produite par le générateur photovoltaïque.

• Pertes par dispersion de puissance nominale : les modules photovoltaïques issus du processus de fabrication industrielle ne sont pas tous identiques.

• Pertes de connexions : la connexion entre modules de puissance légèrement différente occasionne un fonctionnement à puissance légèrement réduite. Elles augmentent avec le nombre de modules en série et en parallèle.

• Pertes angulaires ou spectrales : les modules photovoltaïques sont spectralement sélectifs, la variation du spectre solaire affecte le courant généré par ceux-ci. Les pertes angulaires augmentent avec l'angle d'incidence des rayons et le degré de saleté de la surface.

• Pertes par chutes ohmiques : les chutes ohmiques se caractérisent par les chutes de tensions dues au passage du courant dans un conducteur de matériau et de section donnés. Ces pertes peuvent être minimisées avec un dimensionnement correct de ces paramètres.

• Pertes par température : en général, les modules perdent 0,4 % par degré supérieur à la température standard (25°C en conditions standard de mesures STC). La température d'opération des modules dépend de l'irradiation incidente, la température ambiante et la vitesse du vent.

• Pertes par rendement DC/AC de l'onduleur : l'onduleur se caractérise par une courbe de rendement en fonction de la puissance d'opération, le rendement n'étant pas de 100%, on perd de l'énergie.

• Pertes par suivi du point de puissance maximum : pendant la recherche du point de puissance maximale (à la suite d'un changement des conditions climatiques) le système ne fonctionne pas de façon optimum et on perd de l'énergie.

• Pertes par la réflexion de la lumière sur la face avant de la photopile.

10. Avantages et inconvénients

10.1. Avantages

La technologie photovoltaïque présente un grand nombre d'avantages.

• D'abord, une haute fiabilité (elle ne comporte pas de pièces mobiles), qui la rend particulièrement appropriée aux régions isolées. C'est la raison de son utilisation sur les engins spatiaux.
• Ensuite, le caractère modulaire des panneaux photovoltaïques permet un montage simple et adaptable à des besoins énergétiques divers. Les systèmes peuvent être dimensionnés pour des applications de puissances allant du milliwatt au MégaWatt.
• Leurs coûts de fonctionnement sont très faibles vu les entretiens réduits et ils ne nécessitent ni combustible, ni transport, ni personnel hautement spécialisé.
• Enfin, la technologie photovoltaïque présente des qualités sur le plan écologique car le produit fini est non polluant, silencieux et n'entraîne aucune perturbation du milieu, si ce n'est par l'occupation de l'espace pour les installations de grandes dimensions.

Malgré tous ces avantages il y a aussi des inconvénients.

10.2. Inconvénients

Le système photovoltaïque présente toutefois des inconvénients.

• La fabrication du module photovoltaïque relève de la haute technologique et requiert des investissements d'un coût élevé.
• Le rendement réel de conversion d'un module est faible (la limite théorique pour une cellule au silicium cristallin est de 28%).
• Les générateurs photovoltaïques ne sont compétitifs par rapport aux générateurs Diesel que pour des faibles demandes d'énergie en région isolée.
• lorsque le stockage de l'énergie électrique sous forme chimique (batterie) est nécessaire, le coût du générateur photovoltaïque est accru.

11. Conclusion

Dans ce chapitre nous avons présentés des généralités sur les systèmes photovoltaïques. Nous avons brièvement décrit les cellules solaires les plus couramment utilisées; les avantages et les inconvénients de chaque type ont été mentionnés. La modélisation de la cellule photovoltaïque ainsi que les différentes caractéristiques de celle-ci ont été détaillées.

Nous avons ensuite présentés les deux grandes familles des systèmes solaires photovoltaïques, à savoir les systèmes autonomes et les systèmes connectés au réseau. Les composantes de chaque type d'installation ont été abordées.

Dans les chapitres suivants nous allons nous focaliser sur les systèmes photovoltaïques connectés au réseau. Nous allons essayer d'apporter une contribution que ce soit sur le plan de la commande ou sur le plan de l'optimisation du fonctionnement de ce type de système.

CHAPITRE II

Modélisation et commande classique
des systèmes photovoltaïques

1. Introduction

Avec la baisse du coup de l'électricité photovoltaïque et la hausse du coup du baril de pétrole, l'énergie photovoltaïque devient de plus en plus utilisée. En Algérie, beaucoup de travaux ont été réalisés sur les systèmes photovoltaïques automne, et d'ailleurs beaucoup de cites isolés sont alimentés en énergie grâce à des installations photovoltaïques, souvent de petite taille, qui assure les besoins vitaux des habitants vivant dans des sites éloignés, ne pouvant être raccordés au réseau électrique, ou alimentant des systèmes isolé comme les antennes de télécommunications par exemple. Néanmoins, l'autre grande famille des systèmes photovoltaïques, les systèmes connectés au réseau électrique restent peut explorés dans notre pays. Hors ces systèmes, et grâce à l'amélioration du rendement des panneaux photovoltaïques, promettent d'être l'avenir du photovoltaïque. Cependant, la connexion au réseau d'un générateur externe comme le générateur photovoltaïque impose quelques défis techniques. Le courant injecté au réseau doit être de haute qualité et peu pollué en harmoniques pour ne pas perturber le réseau. Dans ce chapitre, nous allons étudier une interface entre un générateur photovoltaïque et le réseau électrique formé d'un convertisseur DC-DC qui assure le fonctionnement optimum du GPV, et un onduleur triphasé qui assure la conversion DC-AC et ainsi la connexion au réseau. Le système est modélisé en s'aidant   de la Représentation Energétique Macroscopique (REM). L'inversion des modèles obtenus permet d'obtenir des commande maximales dans le but d'avoir un courant sinusoïdale en phase avec la tension réseau; c'est-à-dire une énergie réactive nulle, et peu polluée en harmoniques. La simulation du système dans des conditions normales et perturbées est réalisée grâce au logiciel Matlab-SIMULINK.

2. Différent type de systèmes photovoltaïques connectés au réseau

2.1. Système à convertisseur unique

Dans cette structure, on associe plusieurs modules en série pour obtenir la tension continue désirée; un onduleur est alimenté par cette tension pour obtenir une tension sinusoïdale. Afin d'isoler le système photovoltaïque du réseau on pourrait insérer un transformateur pour assurer l'isolation galvanique entre le générateur photovoltaïque et le réseau électrique. La figure 2.1 illustre un schéma synoptique de cette structure. Deux inconvénients peuvent être associés à cette structure à savoir:

- un problème survenant en amont de l'onduleur provoquera l'arrêt total de la production
- la détermination du point de puissance maximale n'est pas précise car tous les modules associés en série ne sont pas identiques, donc ne délivrent pas tous les mêmes courants, de plus leurs conditions d'ensoleillement peuvent ne pas être identiques [11].

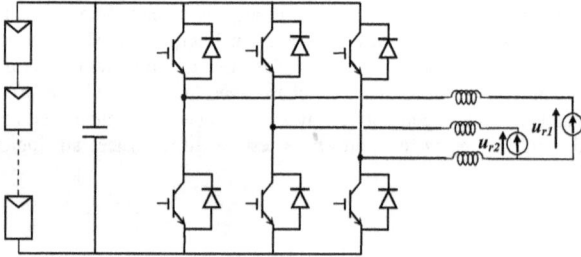

Fig 2.1. Système à convertisseur unique

2.2. Système avec bus à basse tension alternative

Le module photovoltaïque est connecté à un onduleur qui transforme la tension continue en une tension alternative de faible amplitude. Un transformateur est ensuite utilisé pour élever la tension alternative au niveau désiré. Le faible niveau de tension dans le bus est l'avantage majeur de ce type de montage, puisqu'il assure la sécurité du personnel (La figure 2.2).

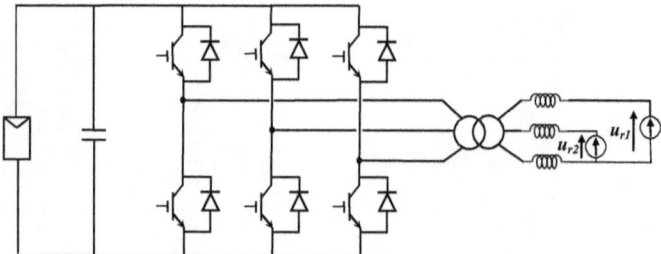

Fig 2.2. Système avec bus à basse tension alternative

2.3. Système à bus continu intermédiaire

Dans cette structure (figure2.3), on utilise un convertisseur de type forward qui est capable d'augmenter la tension en sortie du module photovoltaïque jusqu'à la tension désirée. Un onduleur transforme, ensuite, la tension continue en une tension alternative. Les commutations de l'interrupteur du convertisseur DC/DC engendre des ondulations dans le courant en sortie du module ce qui nécessite une capacité relativement importante.

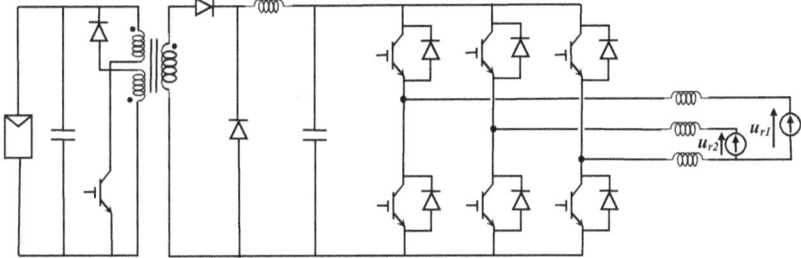

Fig 2.3. Système avec convertisseur forward

2.4. Système avec hacheur et onduleur

Dans cette structure, on utilise un hacheur survolteur pour augmenter la tension du générateur photovoltaïque (voir figure 2.4). Un onduleur transforme cette tension continue en une tension alternative, celle-ci n'étant pas suffisamment élevée car le hacheur survolteur ne peut pas élever la tension continu plus de cinq ou six fois, un transformateur est utilisé pour augmenter la tension alternative au niveau désiré.

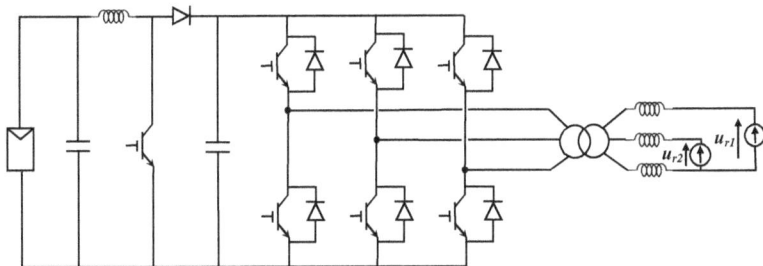

Fig 2.4. Système avec hacheur et onduleur

3. Convertisseur statique à structure matricielle

3.1. Introduction

Le convertisseur est à l'intersection d'un axe de puissance et d'un axe de commande. Son rôle est de régler le transit de puissance électrique de la source vers le récepteur en modifiant éventuellement la forme sous laquelle cette énergie électrique se présente [12].
Le transfert d'énergie doit respecter le cahier de charge, pour cela une commande doit être conçue à partir d'un modèle de commande. Les fonctions de connexions décrivant l'état des interrupteurs ainsi que les fonctions de conversions liants les grandeurs électriques nous permettent de déduire ce modèle à partir du modèle de connaissance du convertisseur.

3.2. Définition de la fonction de connexion

A tout interrupteur, on associe une fonction de connexion f définie par:
- $f = 1$ quand l'interrupteur est fermé.
- $f = 0$ quand l'interrupteur est ouvert.

Cette fonction permet de déduire les grandeurs électriques propres à un interrupteur (u, i) à partir des grandeurs électriques imposées par les sources connectées à cet interrupteur (u_s, i_s). Il vient :

$$i_m = f \cdot i_s \qquad\qquad (2.1)$$
$$u_m = (1 - f) \cdot u_s \qquad\qquad (2.2)$$

i_m et u_m sont appelées grandeurs modulées; u_s et i_s sont les grandeurs commutées.

2.3. Définitions de la matrice de conversion

2.3.1. Conversion des courants

Les courants modulés $(i_{m1}, ..., i_{mL})$ sont liés aux courants $(i_{s1}, ..., i_{sC})$ délivrés par les sources de courant par la relation suivante :

$$[I_m] = [F] \cdot [I_s] \qquad\qquad (2.3)$$

Où
- $I_s = [i_{s1}, ..., i_{sC}]^T$ est un vecteur contenant les C courants commutés.
- $I_m = [i_{m1}, ..., i_{mL}]^T$ est un vecteur contenant les L courants modulés.
- $F = \begin{bmatrix} f_{11} & f_{12} & \cdots & f_{1C} \\ f_{21} & f_{22} & & f_{2C} \\ \vdots & \vdots & & \\ f_{L1} & f_{L2} & & f_{LC} \end{bmatrix}$ est la matrice regroupant l'ensemble de toutes les

fonctions de connexion.

La somme des courants issus des sources est nulle ce qui se traduit par :

$$\sum_{c=1}^{C} i_{s_c} = 0 \tag{2.4}$$

La composante i_{sC} du vecteur source et la composante i_{mL} du vecteur des courants commutés peuvent être déduits par la connaissance des (C-1) courants des sources de courant et des (L-1) courants des sources de tension à l'aide des relations suivantes :

$$i_{mL} = -\sum_{l=1}^{L-1} i_{ml} \tag{2.5}$$

et

$$i_{sC} = -\sum_{c=1}^{C-1} i_{sc} \tag{2.6}$$

Ceci nous permet de réduire le système 2-3 de la façon suivante :

$$\begin{bmatrix} i_{m1} \\ \vdots \\ i_{m(L-1)} \end{bmatrix} = \begin{bmatrix} (f_{11} - f_{1C}) & \cdots & (f_{1(C-1)} - f_{1C}) \\ \vdots & & \vdots \\ (f_{(L-1)1} - f_{LC}) & \cdots & (f_{(L-1)(C-1)} - f_{LC}) \end{bmatrix} \begin{bmatrix} i_{s1} \\ \vdots \\ i_{s(C-1)} \end{bmatrix} \tag{2.7}$$

Que l'on note :

$$\begin{bmatrix} i_{m1} \\ \vdots \\ i_{m(L-1)} \end{bmatrix} = M \begin{bmatrix} i_{s1} \\ \vdots \\ i_{s(C-1)} \end{bmatrix} \tag{2.8}$$

La matrice M est appelée matrice de conversion des courants, elle est de dimension (L-1)x(C-1). Ces éléments sont obtenus par des soustractions des fonctions de connexion qui appartiennent à l'ensemble $\{0, 1\}$. Son domaine de définition est donc l'ensemble $\{-1, 0, 1\}$. Les (m_{lc}^l) de M sont liés aux fonctions de connexion par :

$$m_{lc}^l = f_{lc} - f_{lC}, \ \forall l \in \{1,\dots,(L-1)\}, \ \forall c \in \{1,\dots,(C-1)\} \tag{2.9}$$

2.3.2. Conversion des tensions

Le convertisseur est supposé composé d'interrupteur idéaux ce qui veut dire qu'il ne dissipe pas d'énergie et qu'il ne possède pas d'éléments de stockage (pas de capacités ou de selfs parasites), ceci veut dire qu'il y a conservation d'énergie entre l'entrée et la sortie du convertisseur [12]; on peut traduire cela par:

$$[u_{m1} \cdots u_{m(C-1)}] \cdot \begin{bmatrix} i_{s1} \\ \vdots \\ i_{s(C-1)} \end{bmatrix} = [u_{s1} \quad \cdots \quad u_{s(L-1)}] \cdot \begin{bmatrix} i_{m1} \\ \vdots \\ i_{m(L-1)} \end{bmatrix} \qquad (2.10)$$

En remplaçant $\begin{bmatrix} i_{m1} \\ \vdots \\ i_{m(L-1)} \end{bmatrix}$ par $M \cdot \begin{bmatrix} i_{s1} \\ \vdots \\ i_{s(C-1)} \end{bmatrix}$, nous obtenons:

$$[u_{m1} \cdots u_{m(C-1)}] \cdot \begin{bmatrix} i_{s1} \\ \vdots \\ i_{s(C-1)} \end{bmatrix} = [u_{s1} \quad \cdots \quad u_{s(L-1)}] \cdot M \begin{bmatrix} i_{s1} \\ \vdots \\ i_{s(C-1)} \end{bmatrix} \qquad (2.11)$$

On déduit donc l'expression de la conversion des tensions :

$$\begin{bmatrix} u_{m1} \\ \vdots \\ u_{m(C-1)} \end{bmatrix} = M^T \begin{bmatrix} u_{s1} \\ \vdots \\ u_{s(L-1)} \end{bmatrix} \qquad (2.12)$$

La matrice M^T obtenu est appelée matrice de conversion des tensions.

2.4. Le modèle de connaissance

2.4.1. Décomposition du modèle

Le modèle de connaissance d'un convertisseur peut se décomposer en deux parties distinctes:

- Une partie commande qui établit la relation entre les fonctions de connexion et les fonctions de conversion.
- Une partie opérative qui détermine l'évolution des variables continues affectées par la fonction de conversion.

Cette deuxième partie se décompose alors en un bloc discontinu décrivant l'effet des fonctions de conversion sur les grandeurs électriques et un bloc continu contenant les équations d'état associées aux sources et aux éléments passifs.

2.4.2. La fonction génératrice

Le principe de la modélisation moyenne est induit par la nature filtre passe-bas qui caractérise globalement la partie opérative continue. La source de tension étant considérée invariante sur la période constante T_m, les valeurs moyennes de la tension modulée continue s'écrit :

$$<u> = <M(t)> u_s \qquad (2.13)$$

41

Ainsi, la valeur moyenne de la tension au cours d'une période de modulation, dépend de la valeur moyenne de la fonction de conversion $M(t)$, soit de la durée pendant laquelle les configurations actives des interrupteurs sont maintenues. La valeur moyenne d'un indice de tension est appelée fonction génératrice de conversion définie sur un domaine continu unitaire ([-1,1]) par :

$$< m_{lc}(t) >= \left[\frac{1}{T_m} \int_{kT_m}^{(k+1)T_m} m_{lc}(t)dt \right]_{T_m \to 0} \qquad (2.14)$$

3. La représentation énergétique macroscopique (REM)

La Représentation Energétique Macroscopique (REM) permet de voir les échanges énergétiques entre les différents éléments de conversion et de modéliser de manière synthétique les systèmes de conversion complexes, sans but est de réduire la représentation de tels systèmes à un nombre réduit d'éléments. Une Structure de Commande Maximale se déduit par des règles d'inversion issues de celles du GIC (Graphe Informationnel Causal) (voir [13]).

3.1. Les éléments principaux

La REM est basée sur le principe de l'action et la réaction. A action correspond une réaction due à cette sollicitation. Le produit entre la variable d'action et celle de réaction donne la puissance instantanée échangée par les deux éléments.

La REM possède trois éléments principaux:

Source énergétique

Les éléments sources produisent une énergie, ils induisent des variables d'état et sont en bout de la chaîne de conversion. Ils sont représentés par un ovale, une flèche sortante représentant l'action, et une autre entrante représentant la réaction (figure 2.5).

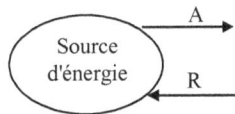

Fig 2.5. REM d'une source d'énergie

Elément d'accumulation

Les éléments d'accumulation qui induisent une accumulation d'énergie et donc une variable d'état. Les éléments d'accumulation sont représentés par des rectangles avec une barre oblique, deux flèches entrantes représentant les entrées d'action et de réactions et deux flèches sortantes représentant les sorties d'actions et de réaction (figure 2.6) [15].

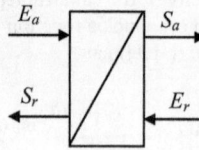

Fig 2.6. REM d'un élément d'accumulation

Elément de conversion

Les éléments de conversion, qui assurent une conversion énergétique sans accumulation ni perte. Les éléments de conversion sont représentés par un carré pour une conversion électrique, un cercle pour une conversion électromécanique et un triangle pour une conversion mécanique. Trois flèches entrantes représentent les entrées d'action, de réaction et de réglage; deux flèches sortantes représentent les sorties d'action et de réaction (figure 2.7).

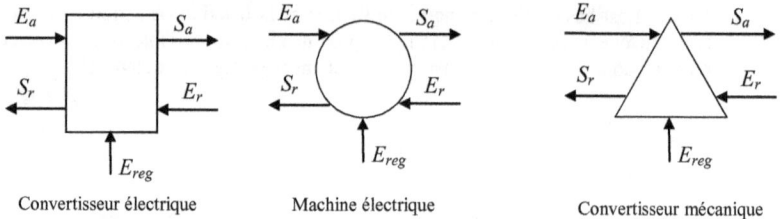

Convertisseur électrique   Machine électrique   Convertisseur mécanique

Fig 2.7. REM des différents éléments de conversion

3.2. Principe d'inversion

Par ses règles d'inversion, la REM montre que la commande d'un processus consiste en l'inversion de son modèle : trouver la bonne cause pour produire le bon effet.

3.3. Structure de la Commande déduite de la REM

Le principe d'inversion est appliqué aux deux types d'élément présentés ci-dessus :
- inversion directe pour les éléments de conversion à condition que les relations soient bijectives,

- inversion indirecte pour les éléments d'accumulation en utilisant une boucle d'asservissement.
Les blocs de commande sont représentés par deux losanges avec des barres obliques dans le sens inverse (figure 2.8).

La structure de commande déduite est une Structure Maximale de Commande car elle demande un maximum de capteurs et un maximum d'opérations.

Une structure de commande plus simple peut en être déduite de cette commande maximale.

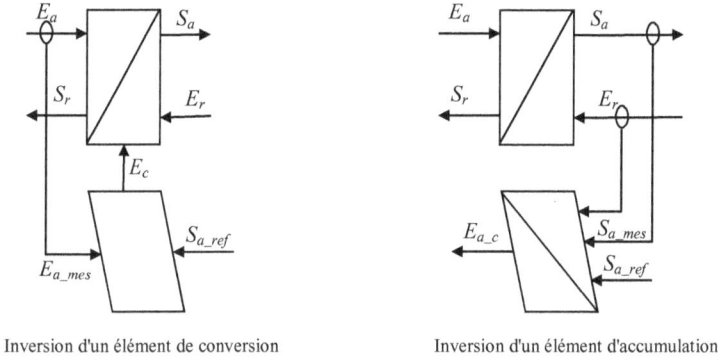

Inversion d'un élément de conversion   Inversion d'un élément d'accumulation

Fig 2.8. Structure de la Commande déduite de la REM

4. Modélisation et commande du système photovoltaïque connecté au réseau

Les deux modèles utilisés pour la simulation des convertisseurs de puissance sont le modèle discret et le modèle moyen [16]. L'avantage du modèle discret est qu'il donne des résultats relativement précis, par contre le nombre de calcul nécessaire est important. Le modèle moyen, quand à lui, donne des résultats moins précis mais après un temps réduit. Malgré cet inconvénient, le modèle moyen reste largement utilisé puisqu'il donne satisfaction pendant l'étape de l'analyse et la conception des convertisseurs. Dans ce qui suit c'est le modèle moyen qu'on va utiliser.

Le système photovoltaïque qu'on va étudier est schématisé dans la figure 2.9. Il est constitué d'un générateur photovoltaïque, d'un adaptateur d'impédance, d'un onduleur triphasé de tension et enfin du réseau électrique.

Selon la surface éclairée disponible, les panneaux solaires constituant cette surface sont regroupés en série et en parallèle pour obtenir la tension et le courant désirés à la sortie du panneau photovoltaïque. L'adaptateur d'impédance est constitué d'un bloc de poursuite du point de puissance maximale (MPPT) et d'un hacheur survolteur permettant d'augmenter la tension du GPV relativement faible. L'onduleur de tension permet le transit de puissance vers le réseau.

La modélisation de cette structure sera décomposée suivant les fonctions de chaque partie. On commencera par la modélisation l'adaptateur d'impédance puis on passera à la modélisation de la connexion au réseau.

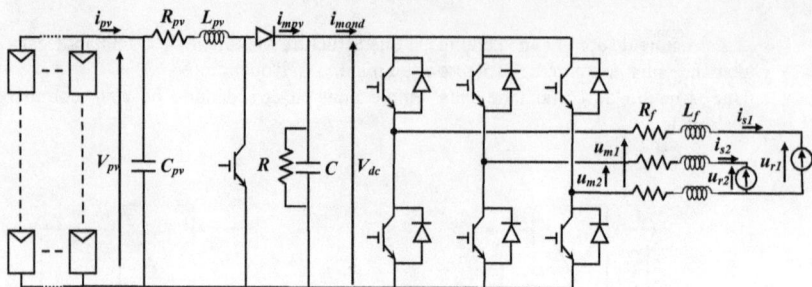

Fig 2.9. Système étudié

4.1. Modélisation de l'adaptateur d'impédance

La REM de l'adaptateur d'impédance est présentée sur la figure 2.11. Le générateur photovoltaïque sera schématisé comme une source particulière; son modèle a comme entrées l'ensoleillement, la température ambiante et la tension. La sortie du modèle est le courant fourni par le générateur.

Un condensateur placé en parallèle permet d'avoir la tension désirée aux bornes du générateur et une bobine limite les fluctuations du courant.

La REM de cet adaptateur d'impédance révèle deux éléments d'accumulation donc deux variables à contrôler : la tension aux bornes des panneaux V_{pv} et le courant i_l.

Selon la figure 2.10 les équations qui constituent le modèle mathématique décrivant le générateur photovoltaïque connecté au convertisseur DC-DC sont:

$$\begin{pmatrix} V_m \\ i_{dc} \end{pmatrix} = m \begin{pmatrix} V_{dc} \\ i_l \end{pmatrix} \tag{2.15}$$

$$\frac{dV_{pv}}{dt} = \frac{1}{C_{pv}}(i_l - i_{pv}) \tag{2.16}$$

$$\frac{di_l}{dt} = \frac{1}{L_{pv}}(V_m - V_{pv}) - \frac{R_{pv}}{L_{pv}}i_l \tag{2.17}$$

L'équation (2.15) représente la description de la partie discontinue du hacheur tandis que les deux équations (2.16) et (2.17) décrivent la partie continue de celui-ci.

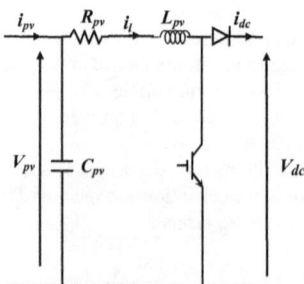

Fig 2.10. Schéma de l'adaptateur d'impédance

45

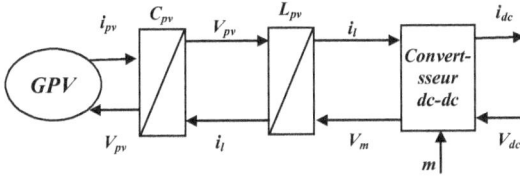

Fig 2.11. REM de l'adaptateur d'impédance

4.2. Commande de l'adaptateur d'impédance

Le but de la commande de l'adaptateur d'impédance est de trouver la tension adéquate u_{mpvref} que doit imposer le convertisseur DC-DC à l'onduleur triphasé.

L'inversion de la REM de l'adaptateur d'impédance permet de déterminer cette commande [24]. Le bloc MPPT permet de déterminer la tension optimale de fonctionnement V_{pvref}. L'inversion de la relation (2-16) ce fait par un contrôle en boucle fermée de la tension du générateur photovoltaïque V_{pv} puis une compensation de cette commende par le courant de sortie du GPV permet de déterminer le courant de référence de la bobine i_{lref}. On peut traduire cela par l'équation suivante:

$$i_{lref} = PI(V_{pvref} - V_{pv}) + i_{pv}$$ (2.18)

Un correcteur PI classique est choisi pour la régulation de la boucle de tension ses paramètres sont choisi de façon à obtenir une tension constante et un courant avec un minimum d'ondulations.

La fonction de transfert du correcteur PI est de la forme :

$$T(s) = k_p + \frac{k_i}{s}$$ (2.19)

La synthèse du correcteur se fait par placements de pôles. La fonction de transfert en boucle fermée est identifiée à une fonction de transfert du second ordre où l'on définit l'amortissement et le temps de réponse.

$$\frac{K}{1 + \frac{2\zeta}{\omega_n}s + \frac{1}{\omega_n^2}s^2}$$ (2.20)

La fonction de transfert du condensateur est de la forme:

$$T_C(s) = \frac{1}{C_{pv}s}$$ (2.21)

Le dénominateur de la fonction de la boucle de contrôle de V_{pv} est:

$$1 + \frac{k_p}{k_i} s + \frac{C_{pv}}{k_i} s^2 \tag{2.22}$$

Par identification entre les deux équations (2.20) et (2.22), on peut déterminer les paramètres k_i et k_p du régulateur PI :

$$k_i = \omega_n^2 C_{pv} \tag{2.23}$$

$$k_p = 2\zeta\omega_n C_{pv} \tag{2.24}$$

On choisit un amortissement $\zeta = 1$ d'où $\omega_n T_r = 5$ d'après l'abaque de la figure 2.12. On fixe le temps de réponse T_r de la boucle à 0.1 S et on obtient les paramètres du régulateur.

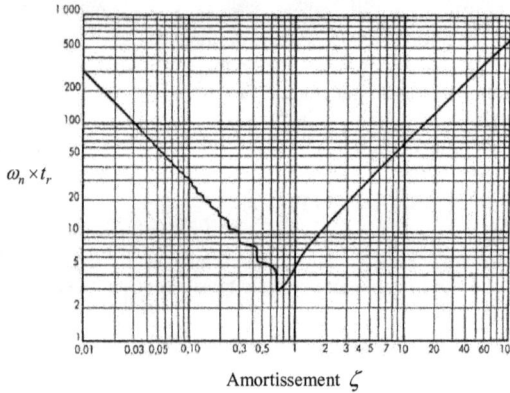

$\omega_n \times t_r$

Amortissement ζ

Fig 2.12. $\omega_n \times T_r$ **en fonction de** ζ

L'inversion de la relation (2-17) ce fait par un control en boucle fermée du courant i_l puis une compensation de cette commende par la tension de sortie du GPV V_{pv} permet de déterminer la tension de référence V_{mref}. On peut traduire cela par l'équation suivante:

$$V_{mref} = PI(i_{lref} - i_l) + V_{pv} \tag{2.25}$$

Un correcteur PI est choisi pour le contrôle de la boucle de courant; la synthèse de celui-ci se fait de la même manière que celle de la boucle de tension.
La fonction de transfert de la bobine est de la forme:

$$T_L = \frac{k_{pv}}{1 + \tau_{pv}s} \tag{2.26}$$

Où: $k_{pv} = 1/R_{pv}$ et $\tau_{pv} = L_{pv} / R_{pv}$.

Le dénominateur de la fonction de la boucle de contrôle de i_l est:

$$1 + \frac{1 + k_p k_{pv}}{k_i k_{pv}} s + \frac{\tau_{pv}}{k_i k_{pv}} s^2 \tag{2.27}$$

Par identification entre les deux équations (2.20) et (2.27), on peut déterminer les paramètres k_i et k_p du régulateur.

On choisit pour cette boucle un amortissement identique à celui de la boucle précédente, cependant on prend T_r dix fois plus petit, c'est-à-dire une dynamique dix fois plus grande car les variations du courant sont beaucoup plus rapides que celles de la tension.

La commande du convertisseur DC-DC est obtenu en inversant la relation (2.15) cela ce fait comme suit:

$$m_{ref} = \frac{V_{mref}}{V_{dc}} \tag{2.28}$$

4.3. Le Bus continu

Le Bus continu peut être modélisé par l'équation suivante:

$$\frac{dV_{dc}}{dt} = \frac{1}{C} (i_{dc} - i_{mond\_ref}) \tag{2.29}$$

L'inversion de cette relation donne la référence du courant de l'onduleur i_{mond_ref}. Cela ce fait par un contrôle en boucle fermée de la tension du bus continu et une compensation par le courant i_{dc} imposé par le convertisseur DC-DC. L'équation suivante résume cette commande:

$$i_{mond\_ref} = i_{dc} - PI(V_{dc\_ref} - V_{dc}) \tag{2-30}$$

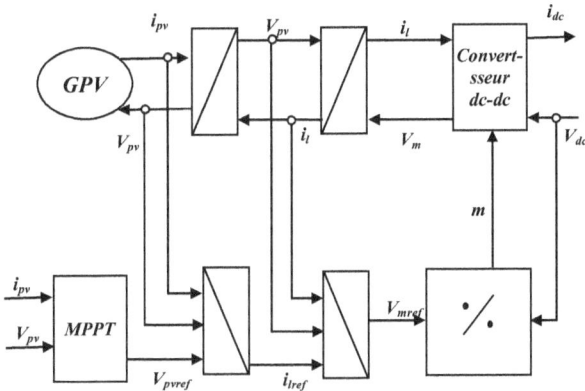

Fig 2.13. Inversion de la REM de l'adaptateur d'impédance

4.4. Modélisation de l'onduleur triphasé

Le rôle de l'onduleur triphasé est de faire transiter la puissance de la source vers le réseau. Il est nécessaire de maintenir la tension aux bornes du condensateur constante, et de créer un système de courants triphasés équilibrés qui sera envoyés vers le réseau.

L'onduleur est composé de trois cellules de commutation à deux interrupteurs. Chaque interrupteur est constitué d'un IGBT et d'une diode connectés en anti-parallèle. Chaque ensemble transistor diode est assimilé à un interrupteur idéal, c'est à dire que les commutations se font sans pertes et instantanément et que les effets des empiètements ou des chevauchements ne sont pas pris en compte.

Pour que l'on puisse envoyer un courant du générateur photovoltaïque vers le réseau, il faut que la tension du bus continu (V_{dc}) soit supérieure à la valeur crête de la tension du côté du filtre.

On peut décomposer le modèle de l'onduleur en deux parties: discontinue et continue. La partie discontinue du modèle permet de décrire le comportement de la matrice de convertisseurs et ainsi de lier entre elles les grandeurs des sources; à savoir la tension du bus continue V_{dc} et les courants dans le filtre i_{s1} et i_{s2}, et les grandeurs modulées (u_{m1}, u_{m2}, i_{mond}).

Comme on a vu précédemment, la troisième composante de i_{s3} peut être déduite des deux premières, ce qui nous permet de caractériser le système en utilisant seulement les deux premières composantes.

Les grandeurs u_{m1}, u_{m2} sont les tensions modulées composées et sont déduites des tensions modulées simples par:

$$u_{m1} = V_{m1} - V_{m3} \qquad (2.31)$$

$$u_{m2} = V_{m2} - V_{m3} \qquad (2.32)$$

Les tensions modulées u_m1 et u_m2 sont obtenues à partir de la tension du bus continu et des fonctions de conversion selon :

$$\begin{pmatrix} u_{m1} \\ u_{m2} \end{pmatrix} = \begin{pmatrix} m_1 \\ m_2 \end{pmatrix} V_{dc} = m V_{dc} \qquad (2.33)$$

La matrice de conversion m est obtenue à partir de la matrice des connexions

$$f = \begin{pmatrix} f_{11} & f_{12} & f_{13} \\ f_{21} & f_{22} & f_{23} \end{pmatrix} \text{ par:}$$

$$m = \begin{pmatrix} m_1 \\ m_2 \end{pmatrix} = \begin{pmatrix} f_{11} - f_{13} \\ f_{12} - f_{13} \end{pmatrix} \qquad (2.34)$$

Le courant modulé i_{mond} est obtenu à partir des courants du filtre et des fonctions de conversion de l'équation (2.34) comme suit:

$$i_{mond} = m^T \begin{pmatrix} i_{s1} \\ i_{s2} \end{pmatrix} = \begin{pmatrix} m_1 & m_2 \end{pmatrix} \begin{pmatrix} i_{s1} \\ i_{s2} \end{pmatrix} = m_1 i_{s1} + m_2 i_{s2} \tag{2.35}$$

On peut modéliser la partie continue sous forme de représentation d'état comme suit:

$$\begin{cases} \dot{x} = Ax + B_m x_m + B_r x_r \\ \quad\quad y = Dx \end{cases} \tag{2.36}$$

Ou :

- $x = \begin{pmatrix} u_{dc} & i_{s1} & i_{s2} \end{pmatrix}^T$ est le vecteur regroupant les variables d'états.
- $x_m = \begin{pmatrix} i_{mond} & u_{m1} & u_{m2} \end{pmatrix}^T$ est le vecteur regroupant les grandeurs modulées.
- $x_r = \begin{pmatrix} i_{mpv} & u_{r1} & u_{r2} \end{pmatrix}^T$ est le vecteur regroupant les grandeurs du réseau.

$$- A = \begin{pmatrix} \dfrac{-1}{RC} & 0 & 0 \\ 0 & -\dfrac{R_f}{L_f} & 0 \\ 0 & 0 & -\dfrac{R_f}{L_f} \end{pmatrix}, \; B_m = \begin{pmatrix} \dfrac{-1}{C} & 0 & 0 \\ 0 & \dfrac{2}{3L_f} & \dfrac{-1}{3L_f} \\ 0 & \dfrac{-1}{3L_f} & \dfrac{2}{3L_f} \end{pmatrix} \; \text{et} \; B_r = \begin{pmatrix} \dfrac{1}{C} & 0 & 0 \\ 0 & \dfrac{-2}{3L_f} & \dfrac{1}{3L_f} \\ 0 & \dfrac{1}{3L_f} & \dfrac{-2}{3L_f} \end{pmatrix}$$

$$- D = \begin{pmatrix} 1 & 0 & 0 \\ 0 & 1 & 0 \\ 0 & 0 & 1 \end{pmatrix}.$$

La REM de l'onduleur triphasé est représentée dans la figure 2.14.

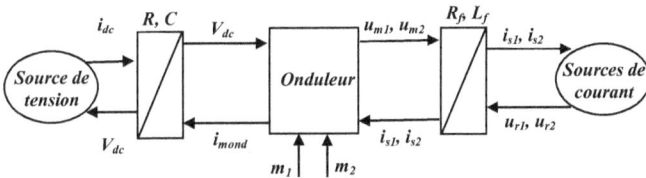

Fig 2.14. REM de l'onduleur triphasé

4.5 La commande de l'onduleur

L'inversion de la REM de la figure 2.14 permet de déduire la commande de l'onduleur. Le modèle ainsi que la commande sont montrés dans la figure 2.15.
L'objectif c'est d'obtenir un système de courants sinusoïdaux équilibrés et en phase avec la tension, ceci implique que la puissance réactive doit être choisie nulle.
Le bilan de puissances des deux cotés du convertisseur s'écrit:

$$\begin{pmatrix} P \\ Q \end{pmatrix} = \begin{pmatrix} u_{r1} & u_{r2} \\ \dfrac{2u_{r2}-u_{r1}}{\sqrt{3}} & \dfrac{u_{r2}-2u_{r1}}{\sqrt{3}} \end{pmatrix} \begin{pmatrix} i_{s1} \\ i_{s2} \end{pmatrix} \qquad (2.37)$$

On choisit la référence de la puissance réactive $Q_{ref} = 0$; la référence de la puissance active est déduite de l'équation suivante:

$$P_{ref} \approx i_{mond\_ref} \cdot V_{dc} \qquad (2.38)$$

En substituant Q_{ref} et P_{ref} dans (2-37), on obtient:

$$\begin{pmatrix} i_{mond\_ref} \cdot V_{dc} \\ 0 \end{pmatrix} = \begin{pmatrix} u_{r1} & u_{r2} \\ \dfrac{2u_{r2}-u_{r1}}{\sqrt{3}} & \dfrac{u_{r2}-2u_{r1}}{\sqrt{3}} \end{pmatrix} \begin{pmatrix} i_{s1ref} \\ i_{s2ref} \end{pmatrix} \qquad (2.39)$$

L'équation (2.39) nous montre que pour calculer les courants de référence i_{s1ref} et i_{s2ref} il nous faut mesurer les deux tensions composées u_{r1} et u_{r2}, le contrôle en boucle fermée de la tension du bus continu nous permet de déduire, comme on l'a vu plus haut, le courant de référence i_{mond_ref}.

Les correcteurs utilisés pour les boucles de courants sont de type PI. La dynamique de la boucle de courant est beaucoup plus grande que celle de la boucle de tension, on peut donc considérer que les deux boucles sont séparées et le correcteur de chaque boucle est conçu indépendamment de l'autre boucle.

Les deux tensions composées modulées sont données par:

$$\frac{di_{s1}}{dt} = \frac{1}{L_f}(u_{m1}-u_{r1}) - \frac{R_f}{L_f} i_{s1} \qquad (2.40)$$

$$\frac{di_{s2}}{dt} = \frac{1}{L_f}(u_{m2}-u_{r1}) - \frac{R_f}{L_f} i_{s2} \qquad (2.41)$$

L'inversion de ces deux équations nous permet d'obtenir les références des tensions u_{m1} et u_{m2} comme nous le montre les deux équations ci-dessous:

$$u_{m1ref} = PI(i_{s1ref} - i_{s1}) + u_{r1} \qquad (2.42)$$

$$u_{m2ref} = PI(i_{s2ref} - i_{s2}) + u_{r2} \qquad (2.43)$$

Les deux équations (2.42) et (2.43) montrent qu'un contrôle en boucle fermée des courants is_1 et is_2 ainsi que deux compensations nous permettent de déduire u_{m1ref} et u_{m2ref}.

Pour inverser l'opération de modulation réalisée par le convertisseur, on effectue une linéarisation dynamique :

$$<m_1> = \frac{u_{m1ref}}{V_{dc}} \qquad (2.44)$$

$$< m_2 > = \frac{u_{m2ref}}{V_{dc}} \qquad (2.45)$$

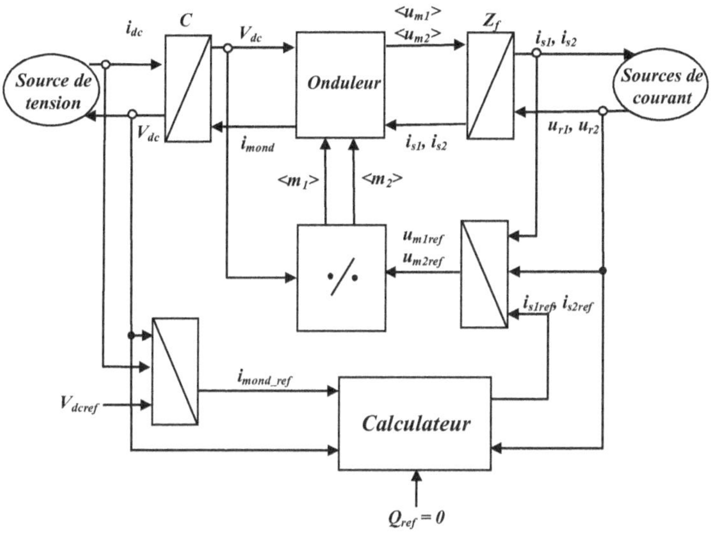

Fig 2.15. REM du modèle de commande de l'onduleur triphasé

On obtient ainsi deux fonctions de conversion comprises entre -1 et 1 à partir desquels on pourra générer les fonctions de connexion.

4.6. Génération des fonctions de connexion

D'abord les deux fonctions m_1 et m_2 sont déduites des fonctions $<m_1>$ et $<m_2>$, ceci est réalisé en comparant ces deux dernières avec un signal triangulaire de fréquence T_c représentant la fréquence de commutation choisie pour les interrupteurs. Le signal triangulaire varie entre -1 et 1.
On fait correspondre aux trois colonnes de la matrice de connexion trois fonctions de commutation dont les indices sont les numéros de chaque colonne: FC_1, FC_2 et FC_3 [12].

La matrice de connexion possédant deux lignes, chaque fonction de commutation possédera deux valeurs numériques correspondant à l'indice de la ligne où se trouve l'interrupteur fermé. C'est-à-dire que $FC_i = 1$ correspondra à $(f_{1i}, f_{2i}) = (1, 0)$ et $FC_i = 2$ correspondra à $(f_{1i}, f_{2i}) = (0, 1)$ avec $i = 1$, 2 et 3.
A l'inverse, à partir de la connaissance de la valeur (1 ou 2) des fonctions de commutation, on détermine les valeurs binaires des fonctions de connexion qui

constituent la relation entre FC et f ($FC = \begin{pmatrix} FC_1 \\ FC_2 \\ FC_3 \end{pmatrix}$, $f = \begin{pmatrix} f_{11} & f_{12} & f_{13} \\ f_{21} & f_{22} & f_{23} \end{pmatrix}$).

D'après [12] les relations donnant les fonctions de commutation FC_1, FC_2 et FC_3 à partir des fonctions de conversion m_1 et m_2 sont:

$$FC_1 = POS\left(\frac{2}{3}m_1 - \frac{1}{3}m_2\right) + 2POS\left(-\frac{2}{3}m_1 + \frac{1}{3}m_2\right) + \beta \|m_1| - 1\| \cdot \|m_2| - 1\|$$

$$FC_2 = POS\left(-\frac{1}{3}m_1 + \frac{2}{3}m_2\right) + 2POS\left(\frac{1}{3}m_1 - \frac{2}{3}m_2\right) + \beta \|m_1| - 1\| \cdot \|m_2| - 1\| \qquad (2.46)$$

$$FC_3 = POS\left(-\frac{1}{3}m_1 - \frac{1}{3}m_2\right) + 2POS\left(\frac{1}{3}m_1 + \frac{1}{3}m_2\right) + \beta \|m_1| - 1\| \cdot \|m_2| - 1\|$$

Avec:

- m_1 et m_2 prennent leurs valeurs dans $\{-1, 0, 1\}$
- POS est une fonction non linéaire définie par: $\begin{cases} POS(x) = 0 \ si \ x \leq 0 \\ POS(x) = 1 \ si \ x > 0 \end{cases}$
- $\beta \in \{1,2\}$ est une constante dont la valeur n'influe pas sur les fonctions de conversion et reste au choix de l'utilisateur. Cette valeur sélectionne la ligne d'interrupteurs à fermer pour générer une matrice de conversion nulle. cette variable peut être utilisée de façon à minimiser le nombre de commutations et à répartir ainsi les contraintes sur l'ensemble des interrupteurs. Pour plus de détailles sur le choix de la valeur de β voir [12].

5. Le fonctionnement optimal du générateur photovoltaïque

Un générateur photovoltaïque est une source d'énergie assez particulière. Sa production de puissance varie fortement en fonction de l'éclairement, de la température, mais aussi du vieillissement global du système. La figure 2.16 montre la variation de la puissance produite à la suite d'une variation des conditions climatiques. Pour que le générateur fonctionne le plus souvent possible dans son régime optimal un adaptateur d'impédance est nécessaire. Celui-ci constitue l'interface entre le générateur est la charge et permet de forcer le GPV à fonctionner dans son point de puissance Maximal, d'où le nom qu'on lui attribut: MPPT (Maximum Power Point Tracking). Plusieurs méthodes sont utilisées pour réaliser le MPPT, on citera quelques unes par la suite.

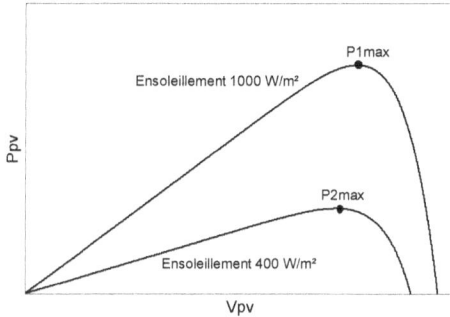

**Fig 2.16. Variation de la puissance produite en fonction
des conditions climatiques**

5.1. Principe

Le principe du MPPT est d'ajuster la tension réelle (ou le courant) de fonctionnement du générateur PV de façon à ce que la puissance réelle P s'approche de la valeur optimale P_{MAX} aussi proche que possible [17], (voir figure 2.17).

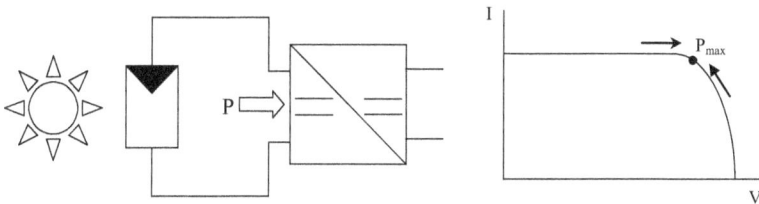

Fig 2-17 Principe du MPPT

5.2. Les différents algorithmes utilisés

Plusieurs méthodes existent pour la poursuite du MPP (Maximum Power Point), on peut classer celles-ci en méthodes directes et indirectes [17] (voir tableau 2.1).

Les méthodes directes incluent des algorithmes qui utilisent le courant continu et la tension continue mesurés à l'entrée, ou bien la puissance alternative à la sortie, et par la variation du point de fonctionnement du générateur PV, on détermine le MPP réel. L'ajustement du MPP peut être continu ou intermittent, et les algorithmes peuvent bien ou non inclure une recherche calculée de déplacement du MPP.

54

Les méthodes indirectes sont celles qui utilisent un signal externe pour estimer le MPP. De tels signaux peuvent être donnés par la mesure de l'ensoleillement, la température du module, le courant de court-circuit ou la tension de circuit-ouvert d'une cellule de référence. D'après le jeu de paramètres physiques donné, on peut conclure la nouvelle mise à jour du MPP.

Tab 2.1. Les différents algorithmes utilisés pour concevoir le MPPT

Méthodes Directes	Méthodes indirectes
Contrôler le Max par : • Maximiser la puissance : P = I • V → max • Rendre la dérivée nulle : dP/dV → 0 ; dP/ dI → 0 • Rendre la somme suivante nulle : I / V + dI/dV → 0	Point de fonctionnement tiré sur la base de : • Paramètres de conception, • Paramètres opérationnels, • Caractéristiques du système.

Les facteurs statiques et dynamiques influençant le comportement du MPPT incluent :

- La puissance (Ensoleillement)
- La tension (Température)
- Fluctuations (nuages)
- La technologie PV (forme de la courbe I-V)
- Les besoins (état de charge d'une batterie, en cas de contrôleur de charge avec MPPT)

Trois termes peuvent être employés pour décrire les performances d'un MPPT [17]. Ils sont en fonction du temps (même en conditions statiques en raison de l'opération de recherche du MPPT) et des paramètres complémentaires :

Exactitude : (statique et dynamique)
Indique si le MPPT fait fonctionner le GPV près du MPP, et peut être défini comme le pourcentage de I_{max}, V_{max} ou P_{max}.

$$A_{max.x} = x / x_{max} \qquad (2.47)$$
avec : $x = I$, V ou P

Efficacité : Indique le rapport entre la puissance (ou l'énergie) réelle et la puissance (ou l'énergie) disponible (un cas particulier de l'exactitude)

$$\eta_{mppt.P} = P/P_{max} \qquad (2.48)$$
$$\eta_{mppt.E} = E/E_{max} \qquad (2.49)$$

Erreur : (statique et dynamique)
Indique la différence absolue ou relative entre la valeur de la tension, le courant ou la puissance au point de fonctionnement réel et celle du MPP.

$$\varepsilon_{mppt.x} = x - x_{max} \text{ (Absolue)} \qquad (2.50)$$

$$ou \quad x/x_{max} - 1 \ (\text{Relative}) \tag{2.51}$$

avec : $x = I,\ V$ ou P.

L'exactitude et l'efficacité sont essentiellement les mêmes, cependant l'efficacité peut être employée pour caractériser la conversion continu/alternatif comme le montre la figure 2.18.

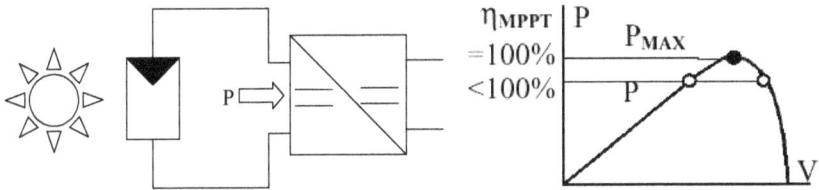

Fig 2.18. Illustration de l'efficacité

Comme le MPPT fait fonctionner le GPV comme une source de courant ou de tension constante, l'erreur du courant ou de la tension indique ce que le MPPT est en train d'effectuer. De plus, l'erreur du courant ou de la tension pour un MPPT donné varie seulement en fonction de I_{max} et V_{max}, tandis que l'efficacité est en plus une fonction de l'allure de la courbe I-V du GPV.

5.3. Quelques méthodes utilisées

5.3.1. Méthode de l'incrémentation de la conductance de la source

Dans cette méthode la tension de sortie et le courant de source sont contrôlés de façon à permettre au MPPT de calculer la conductance et l'incrément de la conductance, et de prendre la décision [18] (augmenter ou diminuer le rapport de puissance).

Gamme de validité et limitations du modèle
Ce modèle est applicable seulement si à un instant donné la source non linéaire a un seul maximum dans toute la zone de fonctionnement. Autrement, il ne s'applique pas. L'impédance d'entrée du dispositif à contrôler par le MPPT doit être suffisamment grande pour éviter la perte de puissance.

Description mathématique

La puissance de sortie d'une source peut s'écrire :

$$P = V.I \tag{2.52}$$

En dérivant l'équation (2.52) par rapport à V et en divisant par V, on obtient :

$$\frac{1}{V}\frac{dP}{dV} = \frac{I}{V} - \frac{dI}{dV}$$ (2.53)

La conductance de la source est définie comme :

$$G = \frac{I}{V}$$ (2.54)

L'incrément de la conductance est défini comme :

$$\Delta G = \frac{dI}{dV}$$ (2.55)

En général, la tension de sortie est positive, l'équation (2.53) nous montre que la tension de fonctionnement est au dessous de la tension du MPP si la conductance est supérieure à l'incrément de la conductance et vice versa. Le travail de cet algorithme est cependant de chercher la tension pour laquelle $G = \Delta G$. Ce concept est exprimé par l'équation (2.56), et illustré graphiquement sur la figure 2.19.

$$\frac{dP}{dV} \begin{cases} >0, & si \;\; G > \Delta G \\ =0, & si \;\; G = \Delta G \\ <0, & si \;\; G < \Delta G \end{cases}$$ (2.56)

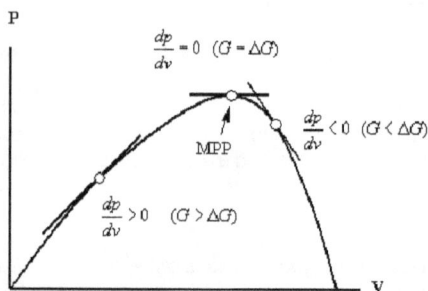

**Fig 2.19. Principe de la méthode de l'incrémentation
de la conductance de la source**

Circuit de modélisation

Le circuit de modélisation est montré ci-dessous (Figure 2.20). On doit noter que la source dépendante *d* est fonction du courant et de la tension recherchés.

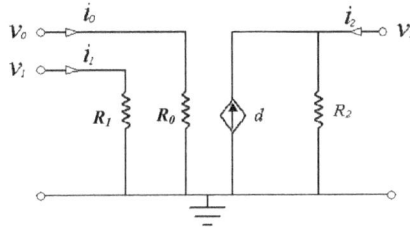

Fig 2.20. Circuit RC du modèle

La description mathématique du modèle RC est donnée comme suit :

$$i_0 = \frac{1}{R_0} v_0 \tag{2.57}$$

$$i_1 = \frac{1}{R_1} v_1 \tag{2.58}$$

$$i_2 = \frac{1}{R_2} v_2 - d \tag{2.59}$$

La source dépendante est spécifiée ci-dessous :

$$d(t) = \begin{cases} d(t-h) + \Delta d, & si\ G > \Delta G \\ d(t-h), & si\ G = \Delta G \\ d(t-h) - \Delta d, & si\ G < \Delta G \end{cases} \tag{2.60}$$

Où h est le pas de temps, $d(t)$ est le rapport réel, $d(t-h)$ est le rapport précédent, Δd et l'incrément du rapport.

5.3.2. Méthode de la courbe caractéristique

Le principe de cette méthode est le suivant [19]: la valeur de la tension à un instant donné(U_{new}), est comparée avec le produit de la valeur précédente de la tension et un coefficient $K(KU_{old})$, la même chose est faite pour le courant.

Si $U_{new} < KU_{old}$ et $I_{new} > KI_{old}$ la tension de référence est augmentée.
Si $U_{new} > KU_{old}$ et $I_{new} < KI_{old}$ la tension de référence est diminuée.

Un schéma de principe de cette méthode est illustré dans la figure 2.21.

La figure 2.22 ci-dessous montre les résultats obtenus avec deux valeurs différentes de K.

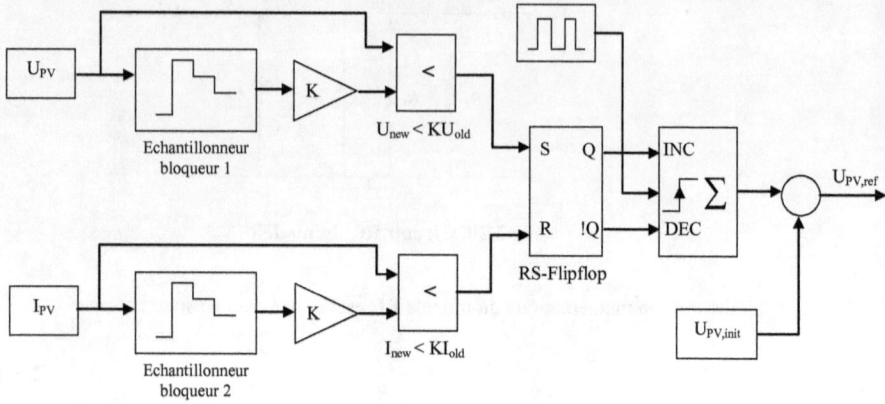

Fig 2.21. Méthode de la courbe caractéristique

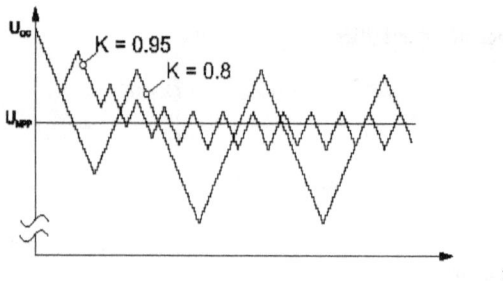

Fig 2.22. Résultats obtenus avec K = 0.8 et K = 0.95

5.3.4. Maximiser dP/dV en utilisant des bascules D

Le schéma synoptique du modèle est montré en figure 2.23 [19]. Il consiste en la comparaison de la valeur mesurée de V avec celle de la précédente, et de la valeur mesurée de P avec celle de la précédente; si les deux valeurs changent dans le même sens, un compteur est incrémenté d'une unité, sinon il est décrémenté. L'opération est répétée jusqu'à atteindre le MPP.

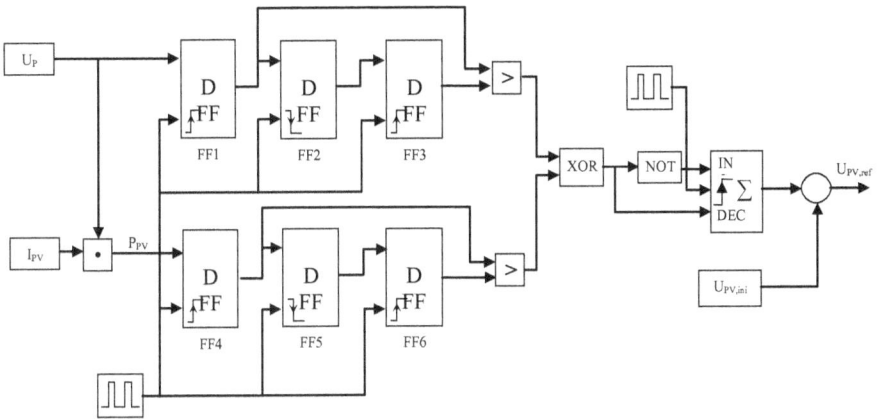

Fig 2.23. Maximisation de dP/dV à l'aide des bascules D

Le MPP est obtenu comme le montre la figure 2.24.

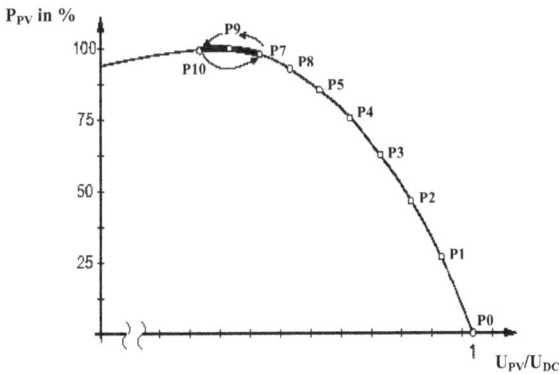

Fig 2.24. Trajectoire de recherche du MPP

6.3.5. Méthode de la cellule pilote

Il a été vérifié expérimentalement que l'on peut considérer, avec une précision acceptable, que la tension optimale V_{mpp} du MPP du générateur photovoltaïque est une fonction linéaire de sa tension de circuit-ouvert V_{oc}, quel que soient les perturbations d'éclairement et de température [20]. A cet effet, pour optimiser le fonctionnement du GPV et par conséquent assurer le transfert optimal de l'énergie à la batterie lors de la phase de charge, la méthode la plus simple pour la recherche du

MPP consiste à asservir la tension du générateur PV à une tension de référence. L'obtention de cette tension de référence s'effectue en mesurant la tension de circuit-ouvert d'une cellule solaire (cellule pilote) identique à celles qui constituent le générateur photovoltaïque. Pour chaque mesure, une valeur de la tension optimale V_{mpp} est calculée en utilisant la relation suivante :

$$V_{mpp} = C_v\, V_{oc} \qquad\qquad (2.61)$$

Où C_v est une constante.

La tension optimale est de l'ordre de 80% de la tension du circuit-ouvert pour un éclairement et une température typique. Donc, la valeur optimale de la constante Cv est approximativement égale à 80% du nombre de cellules associées en série dans le générateur PV.

5.3.6. Méthodes micro-programmées

La rapidité des systèmes informatiques actuelle permet plusieurs solutions. On peut citer deux:

- une base de données est élaborée faisant correspondre à chaque valeur de l'ensoleillement et de la température la puissance maximale correspondante.
- Le modèle du générateur photovoltaïque est programmé, il suffit de mesurer les valeurs de l'ensoleillement et de la température pour que le programme calcul la puissance maximale.

6. Synchronisation des courants

6.1. Introduction

La génération des courant de référence repose souvent sur la mesure des tensions du réseau, cependant celles-ci peuvent être sujettes à des perturbations ce qui risque de produirent des références déformées ou déphasées par rapport aux tensions du réseau. La solution la plus utilisée est celle qui consiste à utiliser une PLL (Phase Locked Loop), celle-ci permet de générer des références de courant sinusoïdales et en phase avec les tensions du réseau. Selon le type de PLL choisi, les défauts survenants sur les tensions réseau sont plus ou moins ressentis au niveau des références de courant. Dans ce chapitre nous allons présenter deux types de PLL pour les systèmes triphasés: la PLL dans le domaine de PARK et la PLL SVF.

6.2. La boucle à verrouillage de phase - PLL

Historiquement, le principe de la boucle à verrouillage de phase, appelée plus communément PLL (en anglais Phase-Locked loop), remonte aux années 1930. Il a été imaginé par le physicien français Henri de Bellescize qui, cherchant à améliorer les conditions de réception de signaux radioélectriques fortement noyés dans le bruit, a inventé le principe de la régulation automatique de phase.

Bien que cette invention fût d'une grande importance, en particulier dans le domaine des télécommunications et de la télédétection, les contraintes technologiques de l'époque (utilisation de composants à tubes) ont limité son développement, et il a fallu attendre l'avènement des circuits électroniques à semi-conducteurs dans les années 1950 pour que le principe des asservissements de phase jouisse d'une expansion rapide dans beaucoup de domaines.

La boucle à verrouillage de phase est aujourd'hui l'un des composants les plus répandus dans le traitement du signal. En raison de sa fiabilité, de sa facilité de mise en oeuvre, et de son faible coût, cette structure a investi beaucoup d'appareils tels que modems, téléphones mobiles, postes de radio AM-FM, radars aussi bien routiers que militaires, sonars, téléviseurs, processeurs micro-informatiques, etc...

6.3. La PLL dans le cas d'un réseau monophasé

Principe de la PLL analogique

Le schéma de principe d'une boucle à verrouillage de phase est donné ci-dessous en figure 2.25. Il s'agit ici d'une boucle analogique avec un circuit multiplieur comme comparateur de phase. Le VCO (Voltage Controled Oscillator) délivre une fréquence f_s proportionnelle à la tension de commande V_c, ceci sur une certaine plage de fréquence délimitée par F_{min} et F_{max}. La fréquence obtenue à $V_c = 0$ est appelée la fréquence libre.

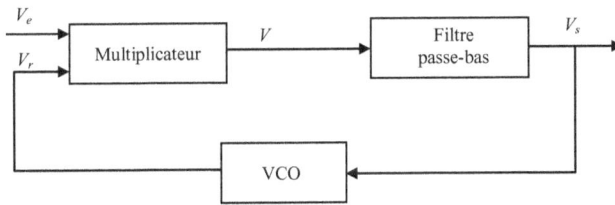

Fig 2.25. Schéma de principe d'une PLL

Le multiplicateur de phase délivre en sortie une tension V proportionnelle au produit des tensions d'entrée:

$$V = k_p V_e V_r \qquad (2.62)$$

Où k_p est la constante du comparateur de phase.

Le filtre passe bas peut être pris du premier ordre avec une pulsation de coupure ω_0.

Les tensions à l'entrée du multiplicateur s'écrivent:

$$V_e = A\sin(\omega t + \varphi_e(t)) \qquad (2.63)$$
$$V_r = B\cos(\omega t + \varphi_r(t)) \qquad (2.64)$$

En remplaçant dans (2-62), on obtient :

$$V = k_p AB \sin(\omega t + \varphi_e(t))\cos(\omega t + \varphi_r(t)) \qquad (2.65)$$

d'où:

$$V = \frac{k_p AB}{2} [sin(2\omega t + \varphi_e(t) + \varphi_r(t)) + sin(\varphi_e(t) - \varphi_r(t))] \qquad (2.66)$$

On obtient un signal contenant deux composantes, l'une continue et l'autre sinusoïdale de pulsation 2ω.

On peut extraire la composante continue du signal en utilisant un filtre passe bas de fréquence de coupure ω_c très inférieur à 2ω. On obtient à la sortie du filtre la tension suivante:

$$V_s = \frac{k_p AB}{2} sin(\varphi_e(t) - \varphi_r(t)) \qquad (2.67)$$

Lorsque la boucle est verrouillée $\varphi_e(t) \approx \varphi_r(t)$ et on peut faire l'approximation :

$$sin(\varphi_e(t) - \varphi_r(t)) \approx \varphi_e(t) - \varphi_r(t) \qquad (2.68)$$

D'où l'on obtient:

$$V_s \approx \frac{k_p AB}{2} (\varphi_e(t) - \varphi_r(t)) \qquad (2.69)$$

Le multiplieur apparaît donc comme un comparateur de phase qui délivre une tension proportionnelle à l'écart de phase.

L'oscillateur contrôlé en tension (VCO) délivre une tension V_r dont la phase instantanée dépend de la tension V_s de commande par :

$$\omega_r(t) = k_0 V_s \qquad (2.70)$$

Le schéma bloc de la PLL en grandeurs phases est représenté à la figure. 2.26.

Le bloc VCO apparaît sous la forme $\frac{k_0}{s}$ du fait que la phase est l'intégrale de la pulsation.

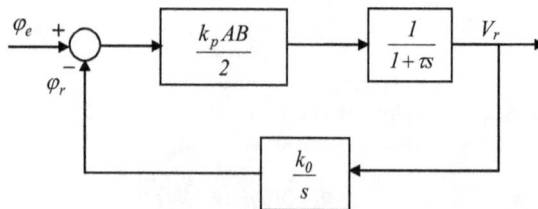

Fig 2.26. Schéma bloc d'une PLL en grandeurs de phases

6.4. La boucle à verrouillage de phase dans le cas d'un réseau triphasé

6.4.1. La PLL dans le domaine de Park

Le principe de la PLL de PARK est d'appliquer la transformer de PARK inverse sur le système des trois tensions simples du réseau triphasé, puis faire asservir la composante V_{rd} obtenue à une référence nulle, c'est-à-dire $V_{rd\_ref} = 0$ [21]. La figure 2.27 illustre le principe de cette méthode.

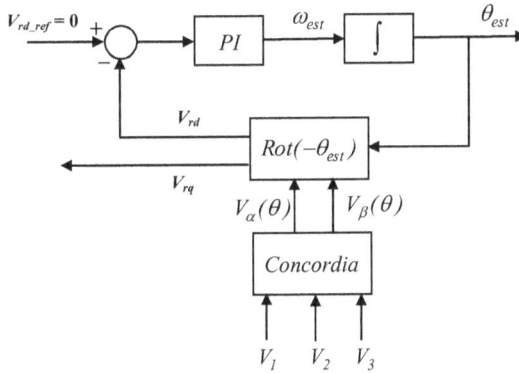

Fig 2.27. Schéma de principe de la PLL de Park

La transformation de Concordia est d'abord appliquée sur les tensions simples V_1, V_2 et V_3. On obtient deux tensions V_α et V_β auxquelles on applique une rotation $R(-\theta_{est})$. On obtient deux tensions V_{rd}, V_{rq} :

$$\begin{pmatrix} V_{rd} \\ V_{rq} \end{pmatrix} = \sqrt{3}V \begin{pmatrix} sin(\theta - \theta_{est}) \\ -cos(\theta - \theta_{est}) \end{pmatrix} = \sqrt{3}V \begin{pmatrix} sin(\Delta\theta) \\ cos(\Delta\theta) \end{pmatrix} \qquad (2.71)$$

La PLL sera verrouillée quand $\theta_{est} = \theta$. Cette condition est obtenue si on arrive à annuler la composante V_{rd}.

L'inconvénient de cette méthode est qu'elle est très sensible aux creux de tensions réseaux et qu'elle filtre peu les harmoniques [11].

6.4.2. La PLL SVF

Le principe de cette PLL est basé sur le filtrage des composantes V_α et V_β en utilisant un filtre SVF (Space Vector Filter), les deux composantes obtenues nous permettent de déterminer les valeurs des expressions $sin(\theta)$ et $cos(\theta)$ à partir desquels on obtient une estimation des deux tensions composées du réseau (Figure 2.28).

Le filtre SVF est construit autour d'un oscillateur raccordé sur la fréquence du réseau. Les équations qui régissent cet oscillateur à l'instant $k+1$ sont données par [22]:

$$\begin{pmatrix} e_1(k+1)T_e \\ e_2(k+1)T_e \end{pmatrix} = \begin{pmatrix} cos(\omega T_e) & -sin(\omega T_e) \\ sin(\omega T_e) & cos(\omega T_e) \end{pmatrix} \begin{pmatrix} e_1(kT_e) \\ e_2(kT_e) \end{pmatrix} \qquad (2.72)$$

Avec:

$$e_1(kT_e) = cos(\omega kT_e)$$
$$e_2(kT_e) = sin(\omega kT_e) \qquad (2.73)$$

La transformation de Concordia appliquée au système des trois tensions simples nous donne les deux composantes V_α et V_β:

$$\begin{pmatrix} V_\alpha \\ V_\beta \end{pmatrix} = \sqrt{\frac{2}{3}} \begin{pmatrix} 1 & \frac{-1}{2} & \frac{-1}{2} \\ 0 & \frac{\sqrt{3}}{2} & -\frac{\sqrt{3}}{2} \end{pmatrix} \begin{pmatrix} V_1 \\ V_2 \\ V_3 \end{pmatrix} \qquad (2.74)$$

Ces deux composantes sont les entrées du filtre SVF. Celui-ci réalise une pondération entre ces composantes et la sortie de l'oscillateur à l'aide du facteur γ. Ceci est expliqué par les équations suivantes:

$$\begin{pmatrix} V_{\alpha f} \\ V_{\beta f} \end{pmatrix} = \gamma \begin{pmatrix} cos(\omega T_e) & -sin(\omega T_e) \\ sin(\omega T_e) & cos(\omega T_e) \end{pmatrix} \begin{pmatrix} e_1(kT_e) \\ e_2(kT_e) \end{pmatrix} + \begin{pmatrix} 1-\gamma & 0 \\ 0 & 1-\gamma \end{pmatrix} \begin{pmatrix} V_\alpha \\ V_\beta \end{pmatrix} \qquad (2.75)$$

Le paramètre γ permet de régler la sélectivité du filtre SVF [23], il est compris entre 0 et 1. Plus la valeur de γ est proche de 1 et plus le filtre est plus sélectif, néanmoins pour $\gamma = 1$ la bande passante du filtre est nulle, ce qui veut dire qu'il filtre toute les fréquences et l'on obtient une sortie nulle. Pour $\gamma = 0$, il n'y aucune intervention du filtre est les sorties sont une recopie de l'entrée.

Pour déterminer les valeurs des expressions $sin(\theta_{est})$ et $cos(\theta_{est})$, on divise chaque composante filtrée par le module $\sqrt{V_{\alpha f}{}^2 + V_{\beta f}{}^2}$ comme suit:

$$sin(\theta_{est}) = \frac{V_{\alpha f}}{\sqrt{V_{\alpha f}{}^2 + V_{\beta f}{}^2}} \qquad (2.76)$$

$$cos(\theta_{est}) = \frac{V_{\beta f}}{\sqrt{V_{\alpha f}{}^2 + V_{\beta f}{}^2}} \qquad (2.77)$$

On obtient une estimation d'une référence en phase avec les tensions composées du réseau u_{r1} et u_{r2} en gardant la phase du $cos(\theta_{est})$ et en décalant celle du $sin(\theta_{est})$ de $5\pi/6$ et en multipliant par l'amplitude désirée. Cela se fait par l'équation suivante:

$$\begin{pmatrix} u_{r1est} \\ u_{r2est} \end{pmatrix} = u_{rest\_max} \begin{pmatrix} -sin(\dfrac{\pi}{3}) & cos(\dfrac{\pi}{3}) \\ 0 & 1 \end{pmatrix} \begin{pmatrix} sin(\theta_{est}) \\ cos(\theta_{est}) \end{pmatrix} \qquad (2.78)$$

Où u_{rest_max} est l'amplitude des références estimées.

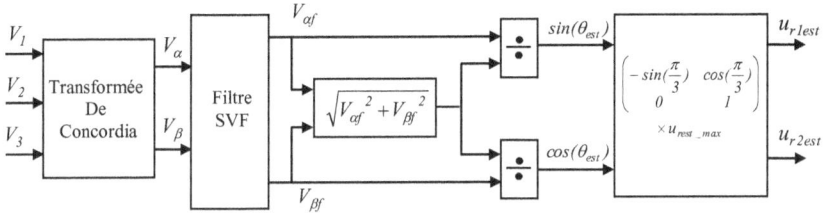

Fig 2.28. Schéma de principe de la PLL SVF

Une étude comparative dans [11] et [23] montre de la PLL SVF présente de meilleures performances face aux perturbations du réseau par rapport à la boucle dans le domaine de PARK. Dans nos simulations, c'est cette boucle que nous allons utiliser.

7. Simulation du système étudié

La simulation du système étudier, en utilisant le modèle moyen, a été réalisée dans l'environnement Matlab/SIMULINK.
Les simulations ont été réalisées en utilisant les paramètres figurant dans le tableau 2.2.
La valeur de la tension du bus continu est choisie égale à 600 volts pour qu'elle soit supérieure à la valeur crête de la tension du réseau. Cela permet à l'énergie produite par le générateur photovoltaïque de transiter du générateur vers le réseau. Pour la synchronisation des courants, la PLL utilisée est la PLL SVF. Le MPPT qu'on a choisi est celui décrit dans le paragraphe 5.3.4.

Tab 2.2. Paramètres de simulation

Paramètre	valeur
C_{pv} : condensateur aux bornes des panneaux	5.10^{-3}F
L_{pv} , R_{pv}: inductance de filtrage du courant continu	$2.5.10^{-3}$H , 0.01Ω
V_{dc}: Tension du bus continu	$600V$
C, R : paramètres du bus continu	3.10^{-3}F, $10^5 \ \Omega$
L_f, R_f : paramètre du filtre du courant de ligne	0.03H, 3Ω
Puissance nominale de chaque panneau	110W
N_S : Nombre de panneaux en série	3
N_P : Nombre de panneaux en parallèle	7

7.1. Simulation des conditions normales

Les figures 2.29 à 2.33 montrent les résultats de simulations du système sous des conditions de fonctionnement normales, c'est-à-dire sans perturbation du réseau. La valeur initiale de l'ensoleillement vaut 1000 W/m²; après trois secondes, cette valeur diminue et devient 400 W/m². La valeur de la température est fixée à 25°C.

La figure 2.29 montre que la tension du bus continu subit peu de perturbations et reste pratiquement fixe à 600V.

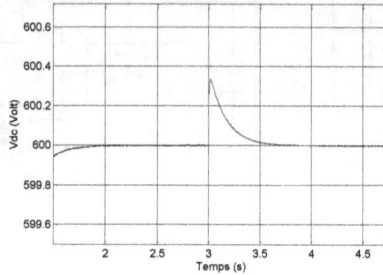

Fig 2.29. Tension du bus continu (conditions normales)

La figure 2.30 montre que le courant I_{dc} reste constant pendant les trois premières secondes puis diminue suite à la baisse de l'ensoleillement.

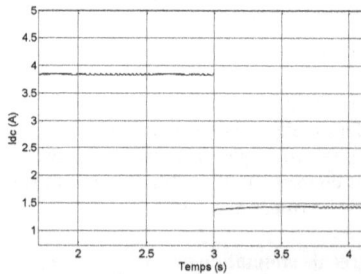

Fig 2.30. Courant continu (conditions normales)

Les figures 2.31 et 2.32 montrent qu'une grande partie de la puissance produite par le générateur photovoltaïque est transmise au réseau pour les deux valeurs de l'ensoleillement.

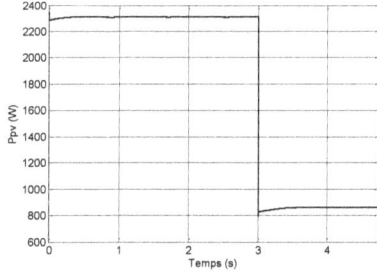

Fig 2.31. Puissance PV (conditions normales)

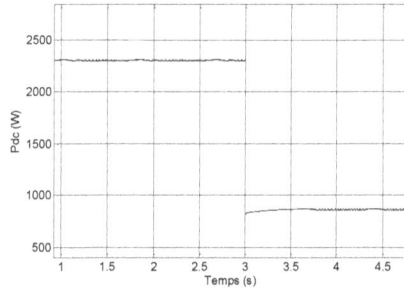

Fig 2.32. Puissance active (conditions normales)

La figure 2.33 montre le courant est la tension d'une phase, les deux sont en phase. Suite à la diminution de l'ensoleillement l'amplitude du courant injecté au réseau diminue mais le déphasage reste nul.

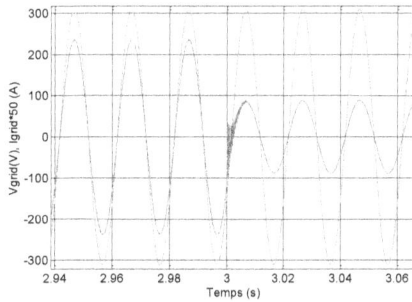

Fig 2.33. Courant et tension d'une phase (conditions normales)

7.2. Simulation d'un saut de phase

Les figures 2.34 à 2.38 montrent le comportement du système suite à un saut de phase de $\frac{\pi}{2}$ survenant à l'instant $t = 3s$. Le système est simulé avec les conditions climatiques valant 1000W/m² pour l'ensoleillement et 25°C pour la température.

Les figures 2.34 et 2.35 montrent que la puissance produite par le GPV et la puissance reçut par le réseau restent insensibles à cette perturbation.

Les figures 2.36 et 2.37 montrent qu'un pic de tension apparaît sur le bus continu et un autre sur le courant continu, puis les deux paramètres rejoignent leurs valeurs initiales. La figure 2.38 montre le courant et la tension au niveau de la phase 2. A $t = 3s$, la tension du réseau subit un saut de phase de $\frac{\pi}{2}$, le courant se trouve déphasé par rapport à la tension. Grâce à la PLL SVF utilisée dans ce système, le courant rejoint la tension après quelques périodes et le déphasage devient de nouveau nul.

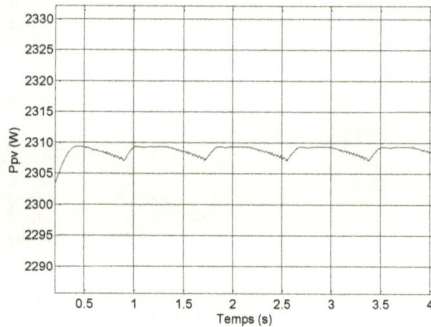

Fig 2.34. Puissance PV (saut de phase)

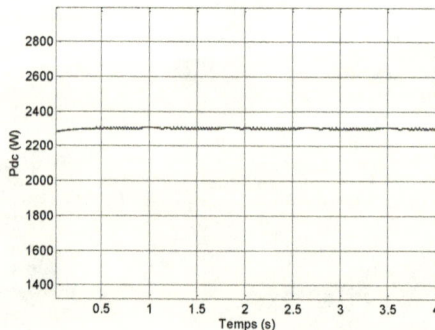

Fig 2.35. Puissance active (saut de phase)

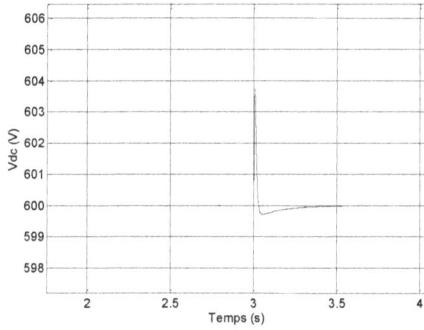

Fig 2.36. Tension du bus continu (saut de phase)

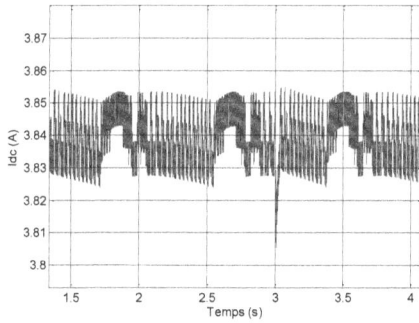

Fig 2.37. Courant continu (saut de phase)

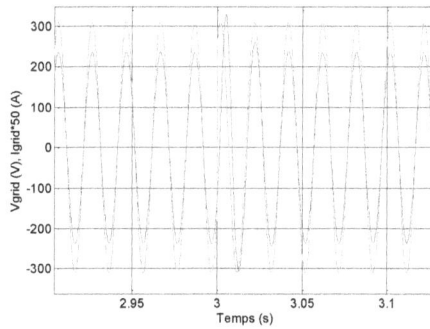

Fig 2.38. Courant et tension d'une phase (saut de phase)

6.3. Simulation d'un creux de tension

Les figures 2.39 à 2.43 montrent le comportement du système suite à un creux de tension de 100volts survenant dans l'intervalle de temps $t = 2s$ et $t = 2.4s$, c'est-à-dire pendant 400 ms. Le système est simulé toujours avec les conditions climatiques de 1000W/m² pour l'ensoleillement et 25°C pour la température.

Les figures 2.39 et 2.40 montrent que la puissance produite par le GPV et la puissance reçue par le réseau restent insensibles à cette perturbation.

Un pic de tension de 5volts environ apparaît sur le bus continu (figure 2.41) et un autre sur le courant continu (figure 2.42) au moment de l'apparition du creux de tension et au moment de la disparition de celui-ci, puis les deux paramètres rejoignent leurs valeurs initiales.

La figure 2.43 montre le courant et la tension au niveau d'une des trois phases. A $t = 2s$, la tension du réseau subit un creux de tension de 100volts; à cet instant, l'amplitude du courant augmente pour compenser la chute de tension et ainsi maintenir la puissance transmise au réseau constante.

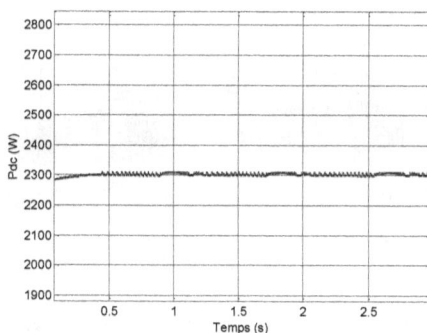

Fig 2.39. Puissance active (creux de tension)

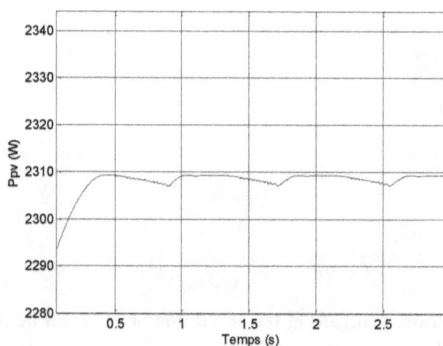

Fig 2.40. Puissance PV (creux de tension)

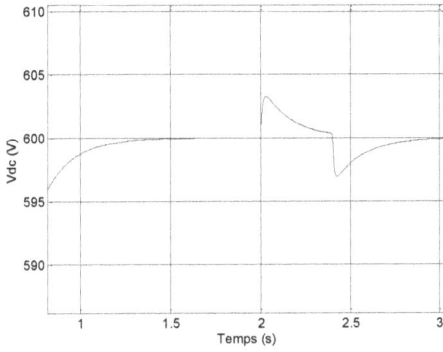

Fig 2.41. Tension du bus continu (creux de tension)

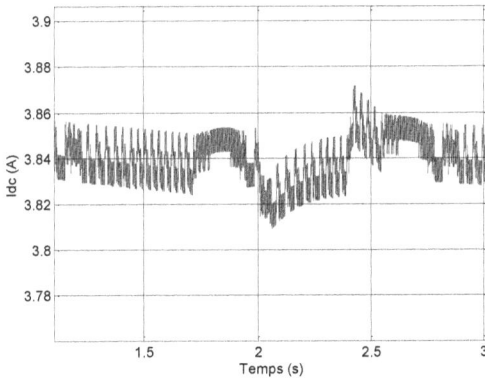

Fig 2.42. Courant continu (creux de tension)

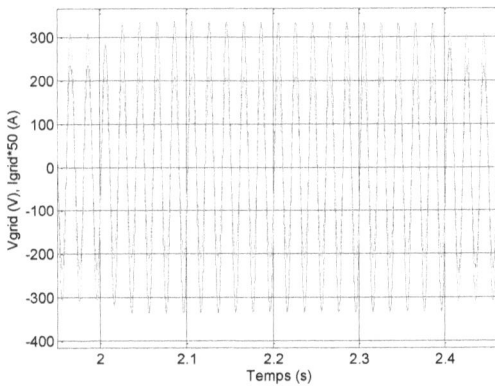

Fig 2.43. Courant et tension d'une phase (creux de tension)

8. Conclusion

Dans ce chapitre nous avons commencé par la présentation des différentes topologies des systèmes photovoltaïques connectés au réseau. La modélisation et la commande des différentes composantes du système choisi ont été abordées en s'aidant de la représentation énergétique macroscopique (REM). Les différentes méthodes classiques pour la recherche du point de puissance maximale (MPPT) ont été ensuite présentées; et quelques méthodes de synchronisation des courants injectés au réseau ont été exposées.

Le système a été enfin simulé, en utilisant le modèle moyen, dans l'environnement Matlab/SIMULINK. Différentes conditions de fonctionnement normal et anormal, ont été étudiées.

Les résultats obtenus ont montrées que quelques soit les conditions de fonctionnements, le système transmet quasiment la totalité de l'énergie produite par le générateur photovoltaïque vers le réseau de distribution. Les résultats montrent aussi que le système est assez robuste fasse aux pannes du réseau; il revient aux conditions de fonctionnement normal aussitôt que la panne est passée.

CHAPITRE III

Contribution à l'optimisation des systèmes photovoltaïques par des techniques intelligentes

1. Introduction

L'utilisation des techniques intelligentes connaît un grand essor actuellement, que ce soit pour la modélisation, l'identification ou la commande des systèmes; ceci grâce à leurs adaptabilités face aux changements des paramètres des systèmes, et leurs robustesses envers les perturbations et les erreurs de modélisation. Les systèmes photovoltaïques présentent des caractéristiques fortement non linéaires, ajouté à cela leurs dépendances des conditions climatiques qui sont hautement aléatoires, cela a incité la publication de beaucoup de travaux qui traitent du sujet de l'optimisation de ces systèmes en utilisant des techniques intelligentes [58].

Dans ce chapitre nous allons essayer d'apporter une contribution dans ce sens.

Dans le chapitre deux nous avons utilisé le modèle moyen pour l'étude d'un système photovoltaïque connecté au réseau. Ce modèle, bien que adapté pour les simulations, ne rend pas compte des distorsions harmoniques. Pour cela, nous allons, dans ce chapitre, refaire à nouveau ces simulations en introduisant une matrice d'interrupteurs.

2. MPPT à base de la logique floue type-1

Pour améliorer les performances de l'MPPT qu'on a utilisé dans les simulations décrites dans le chapitre 2, un MPPT à base de la logique floue type-1 a été utilisé. Le principe de celui-ci est le même que celui de l'MPPT décrit dans le paragraphe 5 du chapitre suivant. Des modifications ont été apportées pour améliorer la précision de la tension de référence et la qualité du courant à la sortie du convertisseur DC-DC.
La figure 3.1 montre les nouvelles fonctions d'appartenance des entrées de l'MPPT, alors que la figure 3.2 montre les fonctions d'appartenance de sortie de celui-ci.
Le tableau 3.1 montre les nouvelles règles adoptées. La majorité des règles sont identiques à celles du tableau 3.2 à l'exception de la modification de quelques unes.

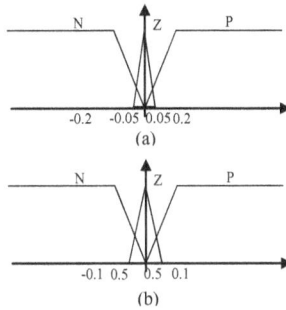

Fig 3.1. Fonctions d'appartenance des entrées
(a) ΔV ; (b) ΔP

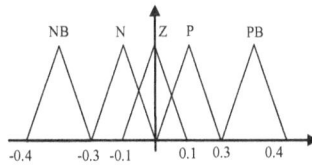

Fig 3.2. Fonctions d'appartenance de la sortie

Tab 3.1 La base des règles adoptées pour le MPPT

$\Delta V \backslash \Delta P$	N	Z	P
N	PB	Z	NB
Z	NB	P	NB
P	NB	N	P

Pour améliorer la qualité du courant de sortie du convertisseur DC-DC, les discontinuités dans la tension de référence à la sortie du MPPT ont été éliminées en utilisant un intégrateur. La figure 3.3 illustre le principe de cette méthode.

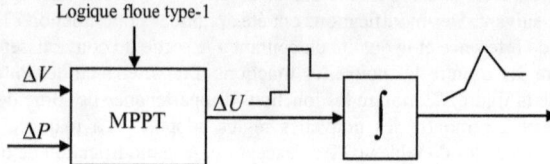

Fig 3.3. Intégration de la sortie du MPPT

2.1 Résultats des simulations

En utilisant le modèle moyen du système, des simulations ont été réalisées sous l'environnement Matlab/SIMULINK pour montrer les améliorations apportées par le MPPT proposé au système photovoltaïque connecté au réseau étudié.

La figure ci-dessous montre les résultats de comparaison entre les références des tensions du GPV générée par le MPPT classique et celui décrit ci-dessus pour une variation de l'ensoleillement entre 1000W/m² à 400 W/m². On observe la disparition des ondulations et l'atteinte rapide de la tension de référence optimale.

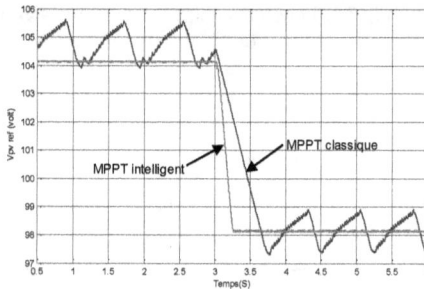

Fig 3.4 Comparaison entre les tensions de référence

La figure 3.5 illustre une comparaison entre les courants de sortie du convertisseur DC/DC en utilisant les deux MPPTs. On remarque que le courant obtenu par l'utilisation du MPPT intelligent est beaucoup plus lisse.

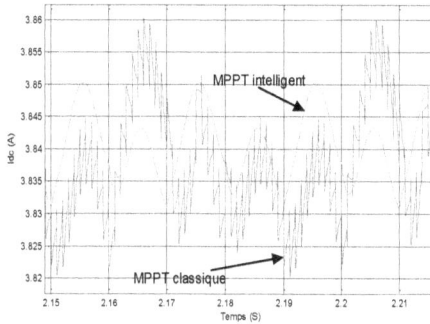

Fig 3.5. Comparaison entre les courants continus

La figure 3.6 montre une comparaison entre les puissances de sortie du GPV obtenues par les deux MPPTs. On remarque que, pratiquement, les fluctuations de puissance ont disparus, avec comme conséquence une légère hausse de la puissance moyenne.

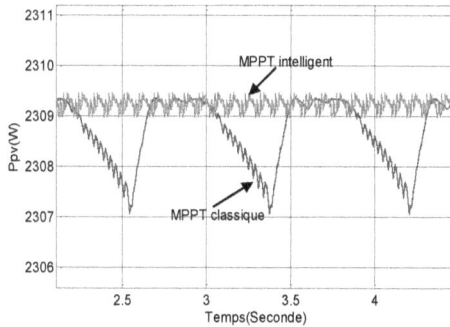

Fig 3.6. Comparaison entre les puissances de sortie

Pour mettre en valeur l'utilité de l'intégration à la sortie du MPPT, le système a été simulé avec et sans ce bloc intégrateur. La figure 3.7 montre que grâce à l'intégration les ondulations sont beaucoup plus douces et que leur amplitude a nettement diminuée.

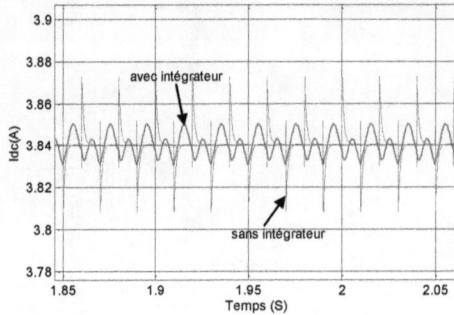

Fig 3.7. Comparaison entre I_{dc} avec et sans intégration de la consigne

3. Simulation du système en introduisant la matrice d'interrupteurs

La simulation du système en utilisant le modèle moyen donne des résultats proches de la réalité, mais ne fait pas apparaître les effets induits par les commutations au niveau des interrupteurs, à savoir les harmoniques qui apparaissent au niveau des courants.

L'étude de la qualité des courants injectés dans le réseau est primordiale car elle permet de se mettre en conformité avec les normes en vigueur (à savoir le standard IEEE 1547 [60]).

L'utilisation d'une matrice d'interrupteurs nécessite la génération des références des signaux qui iront commander ces derniers; ou autrement dit, les fonctions de connexion. Ces fonctions sont déduites des fonctions de conversions m_1 et m_2. Une méthode a déjà été citée dans le chapitre deux pour la détermination de ces fonctions. Dans cette simulation, quatre autres méthodes ont été utilisées, dont trois classiques et une à base de réseaux de neurones. Dans ce qui suit, on va donner une description de ces méthodes.

3.1. Première méthode

Elle peut être résumée comme suit [60][61]:
1- le calcul des fonctions de conversion triphasées:

$$
\begin{aligned}
m_{12} &= m_1 - m_2 \\
m_{23} &= m_2 \\
m_{31} &= -m_1
\end{aligned}
\tag{3.1}
$$

2- le tri des fonctions de conversion triphasées
3- la détermination des fonctions de connexion selon le tableau 3.2.

La figure 3.8 illustre l'obtention des fonctions de conversion triphasées m_{12}, m_{23} et m_{31} à partir des fonctions de conversion m_1 et m_2, et des références des fonctions de connexions à partir des fonctions de conversion triphasées.

Tab 3.2. Détermination des fonctions de connexion (Première méthode)

	f_{11ref}	f_{12ref}	f_{13ref}
$m_{12} > m_{23} > m_{31}$	1	$1 - m_{12}$	$1 + m_{31}$
$m_{23} > m_{31} > m_{12}$	$1 + m_{12}$	1	$1 - m_{23}$
$m_{31} > m_{12} > m_{23}$	$1 - m_{31}$	$1 + m_{23}$	1
$m_{12} > m_{31} > m_{23}$	m_{12}	0	$- m_{23}$
$m_{23} > m_{12} > m_{31}$	$- m_{31}$	m_{23}	0
$m_{31} > m_{23} > m_{12}$	0	$- m_{12}$	m_{31}

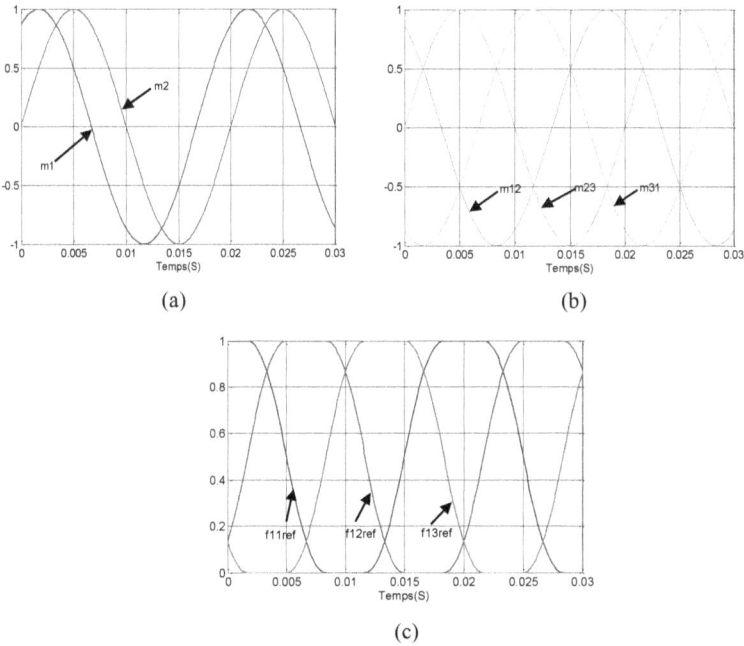

(a)   (b)

(c)

Fig 3.8. Génération des références des fonctions de connexions

Une fois les références des fonctions de connexions obtenues, les fonctions de connexions proprement dites sont obtenues en comparant les références avec un signal triangulaire unipolaire comme le montre la figure 3.9. Cela permet de générer les fonctions f_{11}, f_{12} et f_{13}. Les fonctions f_{21}, f_{22} et f_{23} sont déduites par inversion des fonctions précédentes, c'est-à-dire:

$$f_{21} = 1 - f_{11}, \ f_{22} = 1 - f_{12} \text{ et } f_{23} = 1 - f_{13} \tag{3.2}$$

80

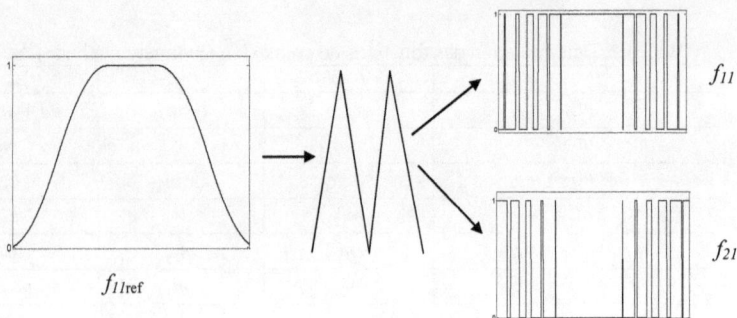

Fig 3.9. Génération des fonctions de connexions (Méthode1)

3.2. Deuxième méthode

Comme la méthode précédente, trois étapes sont nécessaires pour la détermination des références des fonctions de connexions [61]. Les deux premières étapes sont identiques pour les deux méthodes. Pour la troisième étape, la détermination des fonctions de connexion ce fait selon le tableau suivant:

Tab 3.3. Détermination des fonctions de connexion (deuxième méthode)

	$f_{11\text{ref}}$
$(m_{12} > m_{23})$ et $(m_{23} < 0)$ et $(m_{12} > 0)$	m_{12}
$(m_{23} > m_{31})$ et $(m_{23} > 0)$ et $(m_{31} < 0)$	$-m_{31}$
sinon	0
	$f_{12\text{ref}}$
$(m_{23} > m_{31})$ et $(m_{31} < 0)$ et $(m_{23} > 0)$	m_{23}
$(m_{31} > m_{12})$ et $(m_{31} > 0)$ et $(m_{12} < 0)$	$-m_{12}$
sinon	0
	$f_{13\text{ref}}$
$(m_{31} > m_{12})$ et $(m_{12} < 0)$ et $(m_{31} > 0)$	m_{31}
$(m_{12} > m_{23})$ et $(m_{12} > 0)$ et $(m_{23} < 0)$	$-m_{23}$
sinon	0

Les fonctions de conversion triphasées obtenues par cette méthode sont montrées dans la figure 3.10.

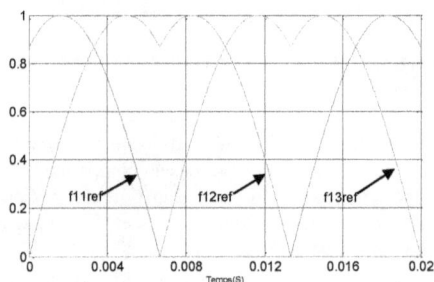

Fig 3.10. Références des fonctions de connexions (méthode 2)

3.3. Troisième méthode

Dans cette méthode, proposée dans [62], les fonctions de conversion m_1 et m_2 sont comparées à un signal triangulaire de crête 1 pour la demi onde positive, et à un signal triangulaire de crête -1 pour la demi onde négative (figure 3.11), ce qui donne deux signaux, m_1_mod et m_2_mod, variant dans l'ensemble {-1, 0, 1}. Les références des fonctions de connexion sont ensuite déduites à partir du tableau suivant.

Tab 3.4. Détermination des fonctions de connexion (troisième méthode)

m_1_mod	m_2_mod	f_{11ref}	f_{12ref}	f_{13ref}
1	1	1	1	0
1	0	1	0	0
0	-1	1	0	1
-1	-1	0	0	1
-1	0	0	1	1
0	1	0	1	0
0	0	0	0	0

Pour la dernière ligne du tableau (3.4), c'est-à-dire m_1_mod = 0 et m_2_mod =0, une autre configuration des fonctions de connexion est possible, c'est la configuration où les trois fonctions sont égales à un. Un choix adéquat de l'une ou de l'autre des configurations permet de minimiser le nombre de commutations des convertisseurs. Dans [62], une variable h prenant ces valeurs dans {0, 1} permet de faire ce choix. Dans notre étude, on ne considérera que la configuration figurant dans le tableau (3.4).

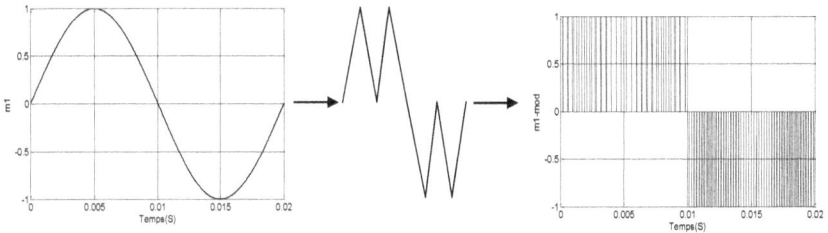

Fig 3.11. Génération de m_1_mod

Selon le tableau (3.4), la configuration où m_1_mod et m_2_mod sont de signes différents n'existe pas, si cette configuration se présente, les deux impulsions de m_1_mod et m_2_mod sont décalées, l'une à gauche et l'autre à droite ce qui permet de résoudre ce problème. Pour plus de détails voir [62].

3.4. Quatrième méthode: méthode intelligente

Dans ce paragraphe, on va proposer un générateur de connexions à base d'un réseau de neurones. Le réseau de neurones utilisé est un Perceptron multicouche à rétropropagation avec deux couches cachées de quinze neurones chacune. La couche d'entrée et celle de sortie comprennent deux et trois neurones respectivement, ce qui est égal au nombre d'entrées et de sorties du générateur de convexions. La structure de ce réseau est montrée sur la figure 3.12.

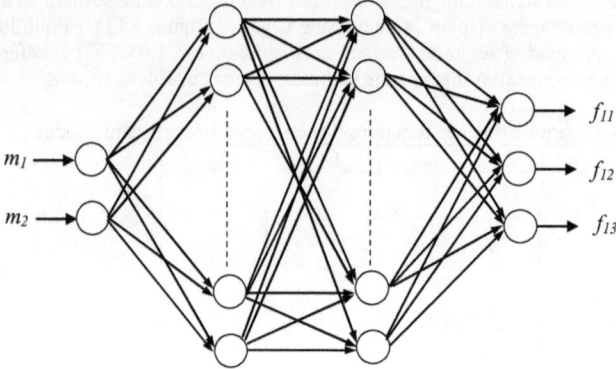

Fig 3.12. La structure du réseau de neurones utilisé

L'apprentissage du réseau de neurones ce fait par la méthode d'optimisation de Levenberg-Marquardt. Cette méthode permet une convergence rapide vers la solution. Pour entraîner le réseau de neurones, on doit générer les données d'entraînement. Les deux signaux d'entraînement d'entrée, m_{1_ent} et m_{2_ent}, sont des Chirps modulés par un signal aléatoire uniforme variant entre 0 et 1. Ces deux signaux attaques le deuxième générateur de connexions qu'on a décrit plus haut, ce qui donne à sa sortie les vecteurs d'entraînement de sortie du réseau de neurones, c'est-à-dire $f_{11\_ref\_ent}$, $f_{12\_ref\_ent}$ et $f_{13\_ref\_ent}$. La figure 3.13 illustre la procédure de génération de ces données.

La variation de la fréquence des deux signaux Chirp est opposée, la première varie entre 30Hz et 1000 Hz pendant 1 seconde, tandis que la deuxième varie entre 1000 Hz et 30 Hz pendant la même période. L'amplitude des deux signaux est égale à 1. Le choix de cette stratégie permet de balayer un large domaine dans lequel peuvent évoluer les deux signaux d'entrée du générateur de connexion.

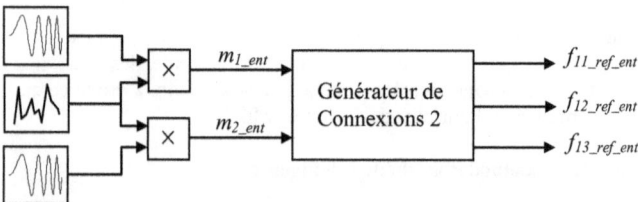

Fig 3.13. Génération des vecteurs d'entraînement

3.5. Résultat des simulations

Le système connecté au réseau étudié au deuxième chapitre a été simulé sous l'environnement Matlab/SIMULINK en introduisant le modèle d'une matrice de six interrupteurs qui permet de contrôler le flux de puissance entre la partie continue et la partie alternative du système. Les interrupteurs formant cette matrice sont supposés idéaux, les effets d'empiétement et de chevauchement ont été négligés. Les quatre méthodes de génération des connexions citées ci-dessus, ont été simulées, des correcteurs PI ont été utilisés pour les boucles de courant et de tension comme pour le modèle moyen.

Avant de présenter les résultats obtenus, quelques notions nécessaires pour la détermination de la qualité des résultats obtenus doivent être introduites.

a. Le taux de distorsion harmonique (THD)

Le taux de distorsion harmonique est le rapport de la valeur efficace de l'ensemble des courants (tensions) harmoniques du signal sur la valeur efficace du même signal à la fréquence fondamentale:

$$THD = \frac{\sqrt{\sum_{k=2}^{\infty} I_k^2}}{I_1} \tag{3.3}$$

Le taux de distorsion harmonique est habituellement exprimé en pourcentage.

b. Le taux de distorsion harmonique rang par rang

C'est le rapport de la valeur efficace du rang d'harmonique considéré et celle du fondamentale.

$$\tau_n = \frac{I_n}{I_1} \tag{3.4}$$

c. Le facteur de puissance

Le facteur de puissance est égal au rapport entre la puissance active P et la puissance apparente S.

$$FP = \frac{P}{S} \tag{3.5}$$

d. Facteur de puissance et THD

Avec une tension sinusoïdale ou presque sinusoïdale, on peut considérer [63]:

$$P \approx P_1 = U_1 I_1 \cos \varphi_1 \tag{3.6}$$

Par conséquent:

$$FP = \frac{P}{S} \approx \frac{U_1 I_1 \cos \varphi_1}{U_1 I_{eff}} \tag{3.7}$$

Or

$$\frac{I_1}{I_{eff}} = \frac{1}{\sqrt{1 + THD^2}}$$

(3.8)

D'où

$$FP \approx \frac{\cos\varphi_1}{\sqrt{1 + THD^2}}$$

(3.9)

e. La norme IEEE 1547

Cette norme définit les contraintes que doivent respecter les générateurs pour pouvoir être connectés au réseau de distribution. Dans ce paragraphe, nous allons seulement donner les normes concernant la pollution harmonique.

Le tableau (3.5) donne les contraintes que doivent respecter les différentes composantes du spectre du courant. Ces contraintes sont imposées par la norme IEEE 1547 [59], [64]. Les limites des distorsions sur les harmoniques paires sont fixées à 25% de celles des harmoniques impaires [59].
Il faut noter aussi que les courants ne doivent pas contenir de composantes continues.

Tab 3.5. Distorsion maximum sur les harmoniques du courant

Ordre de l'harmonique (Harmoniques impaires)	Distorsion maximale $\frac{I_n}{I_1}$ (%)
$n < 11$	4.0
$11 \leq n \leq 17$	2.0
$17 \leq n \leq 23$	1.5
$23 \leq n \leq 35$	0.6
$n \geq 35$	0.3

Dans ce qui suit, on va présenter les résultats obtenus.

3.5.1. Premier générateur de connexion

La figure 3.14 montre les trois courants triphasés obtenus en commandant la matrice d'interrupteurs par la première méthode.

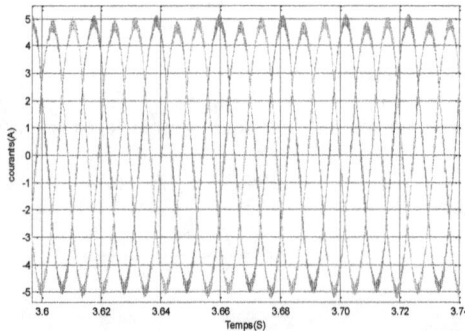

Fig 3.14. Courants triphasés (1ère méthode)

85

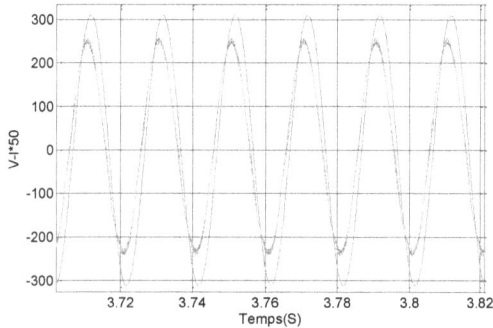

Fig 3.15. Courant et tension d'une phase

La figure 3.15 montre qu'il y a un petit déphasage entre le courant et la tension d'une phase, ce déphasage est dû à l'erreur de traînage qui est causée par le correcteur PI de la boucle de courant, celui-ci ne parvient pas à suivre une consigne sinusoïdale, ce qui est caractéristique de ce type de correcteurs.

Le calcul du facteur de puissance donne une valeur de 0.9532, cette valeur montre qu'une partie non négligeable de la puissance transmise au réseau est une énergie réactive, ce qui n'est pas acceptable.

La figure 3.16 montre le spectre du courant d'une des phases, cette figure sépare les harmoniques impaires de celles paires. L'amplitude de chaque harmonique est normalisée par rapport à l'amplitude de la fondamentale, et représentée en pourcentage.

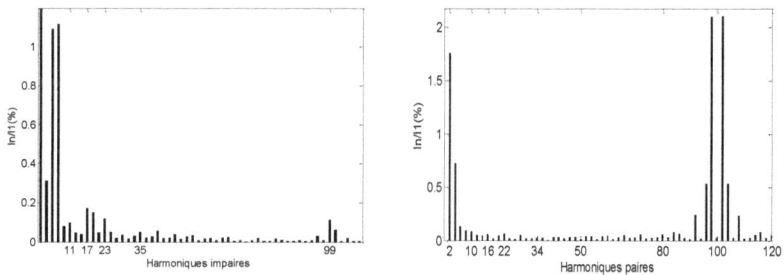

Fig 3.16. Harmoniques du courant d'une phase (Première méthode)

Pour ce cas, les harmoniques impaires sont conformes aux normes. On remarque que les harmoniques paires quand à eux, présentent quelques composantes qui ont une amplitude importante qui dépasse les normes exigées. Notons que les composantes harmoniques autour de l'harmonique de rang 100 sont dues à la fréquence de commutation égale à 5KHz dans ces simulations.

Le calcul du THD du courant de la phase étudié donne la valeur de 3.99% et la composante continue, normalisée par rapport à la fondamentale vaut 3.03%; ce qui est assez élevé.

3.5.2. Deuxième générateur de connexion

La figure 3.17 montre les trois courants triphasés obtenus en commandant la matrice d'interrupteurs par la deuxième méthode.

La figure 3.18 montre l'existence, dans ce cas aussi, d'un déphasage entre le courant et la tension, le facteur de puissance vaut dans ce cas 0.9626, ce qui est légèrement meilleur que la méthode précédente.

La figure 3.19 montre le spectre du courant. Elle montre que les harmoniques de rang impaire ne posent pas de problèmes sauf pour les deux harmoniques de rang 99 et 101 qui ne sont pas conformes aux normes. Les amplitudes des harmoniques de rang paires autour du rang 100 sont moins importantes que celles dans la méthode précédente.

Le calcul du THD pour cette méthode donne la valeur de 3.24%, légèrement meilleur que la précédente et la composante continue vaut 0.17%, nettement meilleur que le précédent.

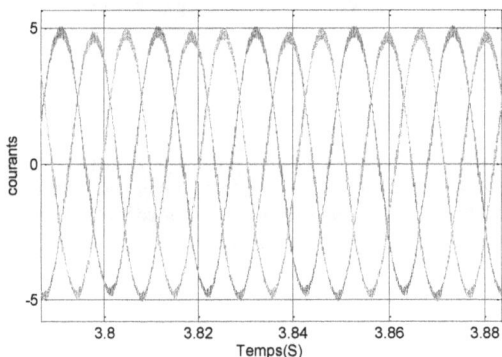

Fig 3.17. Courants triphasés (2ème méthode)

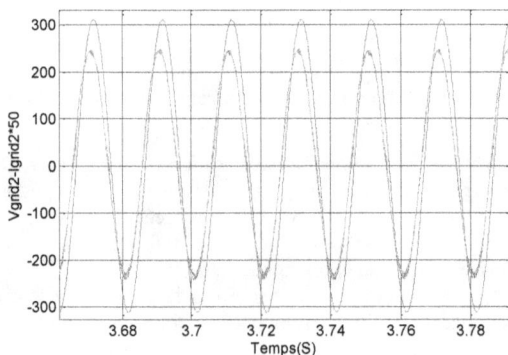

Fig 3.18. Courant et tension de la phase 2

87

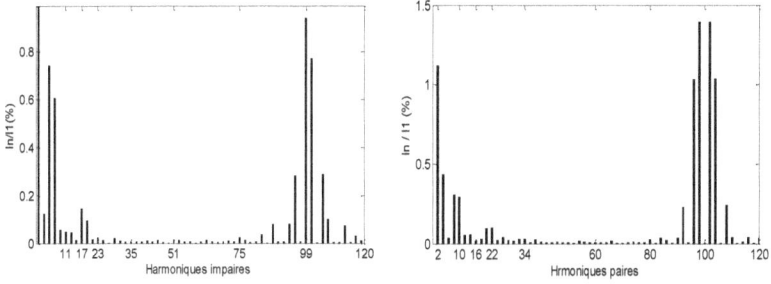

Fig 3.19. Harmoniques du courant d'une phase (2ème méthode)

3.5.3. Troisième générateur de connexion

La figure 3.20 montre les trois courants triphasés obtenus en commandant la matrice d'interrupteurs par la troisième méthode.

La figure 3.21 montre l'existence, dans ce cas aussi, d'un déphasage entre le courant et la tension, le facteur de puissance vaut dans ce cas 0.9743, légèrement meilleur aux deux méthodes précédentes.

Le spectre du courant (Figure 3.22) montre une pollution harmonique autour de l'harmonique 100 que ce soit pour les harmoniques paires ou impaires.

Le calcul du THD pour cette méthode donne la valeur de 3.90 et la composante continue vaut 0.062% qui est une bonne valeur.

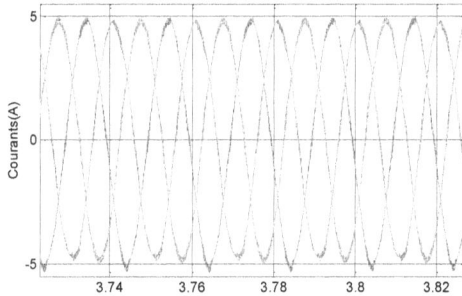

Fig 3.20. Courants triphasés (3ème méthode)

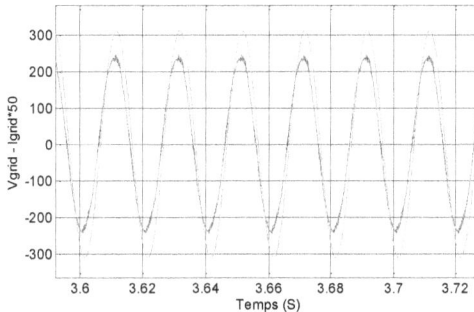

Fig 3.21. Courant et tension de la phase 2

88

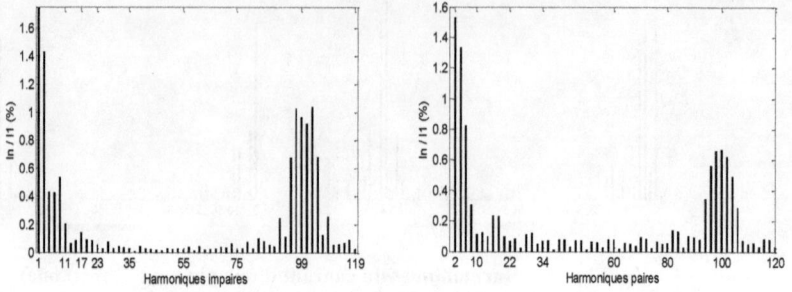

Fig 3.22. Harmoniques du courant d'une phase (3ème méthode)

3.5.4. Quatrième méthode: méthode intelligente

Comme on l'a déjà montré, cette méthode est à base de réseaux de neurones. La figure 3.23 montre les trois courants triphasés obtenus.

La figure 3.24 montre l'existence d'un déphasage entre le courant et la tension, le facteur de puissance vaut dans ce cas 0.9626, égal au facteur de puissance obtenu dans la deuxième méthode.

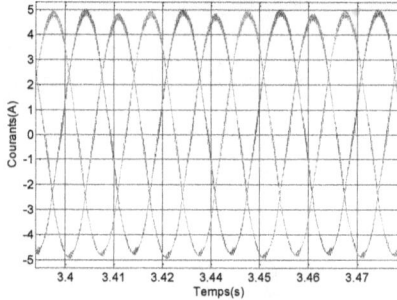

Fig 3.23. Courants triphasés (méthode Intelligente)

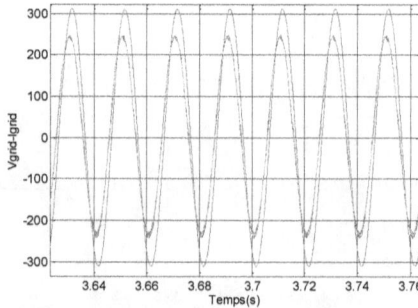

Fig 3.24. Courant et tension de la phase 2

89

La figure 3.25 montre le spectre du courant, elle montre que pour les harmoniques de rang impaire seules les harmoniques de rang 99 et 101 ne sont pas conformes aux normes, le nombre des harmoniques de rang paires autour du rang 100 qui ne sont pas conforme aux normes est moins important que dans la méthode précédente.
Le calcul du THD pour cette méthode donne la valeur de 3.98% qui est moins bon que la deuxième méthode précédente mais pratiquement égal à la première et la troisième méthode. Le calcul de la composante continue donne 0.46% par rapport à la fondamentale.

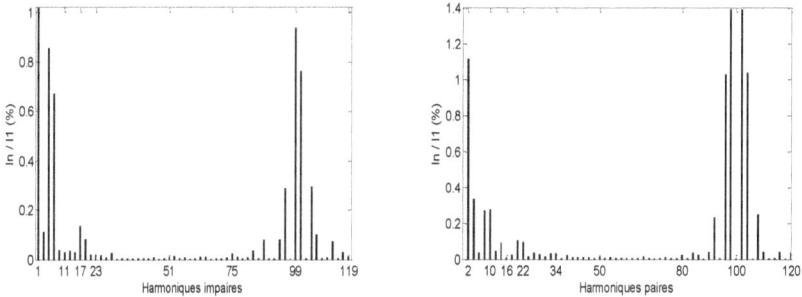

Fig 3.25. Harmoniques du courant d'une phase (méthode Intelligente)

3.6. Utilisations des correcteurs résonnants

L'ajout de la matrice des convertisseurs engendre un retard entre la commande à l'entrée de l'onduleur et la réponse à sa sortie. Ce retard ce traduit par un pole supplémentaire dans la fonction de transfert en boucle ouverte constituée par l'onduleur et le filtre de sortie. Ce pole ne pouvant être compensé par un simple correcteur PI fait apparaître une erreur de traînage entre la consigne et la mesure du courant en régime permanent. Cette erreur est à la base du déphasage qu'on a remarqué entre le courant et la tension dans tout les résultas que nous avant présentés ci-dessus. Pour palier à ce problème, on a opté pour l'utilisation d'un correcteur résonnant pour remplacer le correcteur PI classique dans la boucle de courant.
Le principe de ce correcteur est basé sur la résonance; le module de la fonction de transfert prend une valeur très grande (théoriquement infinie) pour une fréquence privilégiée, ceci permet un écart nul en régime permanant entre la grandeur à asservir et une référence sinusoïdale [65][66].
La fonction de transfert choisie pour ce correcteur est la suivante [65][67]:

$$CR(s) = K \frac{(1 + \tau_1 s)(1 + \tau_2 s)}{\omega_o^2 + s^2} \qquad (3.10)$$

La fonction de transfert du filtre *RL* est donnée par:

$$T_f = \frac{K_f}{1 + \tau_f s} \qquad (3.11)$$

Où: $$K_f = \frac{1}{R_f} \text{ et } \tau_f = \frac{L_f}{R_f} \tag{3.12}$$

L'onduleur est modélisé par une fonction du premier ordre faisant apparaître le retard moyen τ_{ond} introduit par la commande de l'onduleur [68]:

$$T_{ond} = \frac{1}{1 + \tau_{ond}s} \tag{3.13}$$

Ce qui donne la fonction de transfert de l'ensemble onduleur-filtre:

$$T = \frac{K_f}{\left(1 + \tau_f s\right)\left(1 + \tau_{ond}s\right)} \tag{3.14}$$

On fait le choix de prendre $\tau_1 = \tau_f$, on obtient la fonction de transfert en boucle ouverte rassemblant l'onduleur, le filtre et le correcteur résonnant:

$$T_{bo} = \frac{KK_f\left(1 + \tau_2\right)}{(1 + \tau_{ond}s)(\omega_o^2 + s^2)} \tag{3.15}$$

Pour déterminer les paramètres du correcteur résonnant, on utilise la méthode de l'optimum symétrique [67]. Cette méthode consiste à identifier la fonction de transfert en boucle ouverte à la fonction:

$$H_{OS} = \frac{\omega^2(2s + \omega)}{s^2(s + 2\omega)}, \quad \omega = \frac{1}{\tau} \tag{3.16}$$

Où τ désigne la plus petite constante de temps du système.

A la double intégration ($1/s^2$) de H_{OS}, on substitue le terme $\dfrac{1}{\omega_o^2 + s^2}$ [67]; d'où H_{OS} devient:

$$H_{OS} = \frac{\omega^2(2s + \omega)}{(\omega_o^2 + s^2)(s + 2\omega)} \tag{3.17}$$

En comparant T_{bo} et H_{OS}, on trouve:

$$\begin{cases} \dfrac{KK_f}{\tau_{ond}} = \omega^3 \\[2mm] \dfrac{\tau_2 KK_f}{\tau_{ond}} = 2\omega^2 \\[2mm] 2\omega = \dfrac{1}{\tau_{ond}} \end{cases} \tag{3.18}$$

Ce qui donne:

$$\tau_2 = 4\tau_{ond} \text{ et } K = \frac{1}{8K_f\tau_{ond}^2} \tag{3.19}$$

Avec:

$$\tau_{ond} = \frac{2}{f_c} \tag{3.20}$$

Où f_c et la fréquence de commutation de l'onduleur.

3.7. Résultats des simulations avec correcteur résonnant

Le système a été simulé en utilisant les quatre générateurs de connexions avec cette fois des correcteurs résonnants pour l'asservissement des courants. La valeur de l'inductance du filtre a été augmentée à la valeur 60 mH au lieu de 30mH pour essayer de mieux filtrer les harmoniques et améliorer le THD. Dans ce qui suit nous allons détailler les résultats obtenus.

3.7.1. Premier générateur de connexion

La figure 3.26 montre les trois courants triphasés obtenus en commandant la matrice d'interrupteurs par la première méthode.

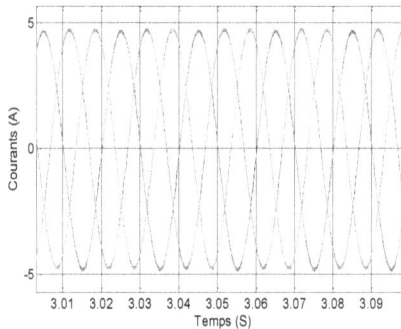

Fig 3.26. Courants triphasés (1ère méthode)

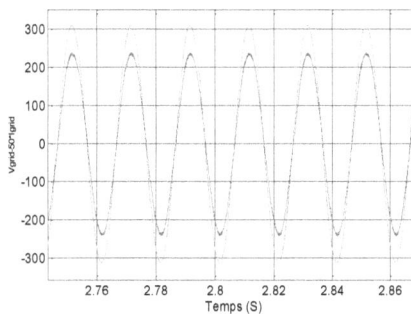

Fig 3.27. Courant et tension de la phase 2

On remarque sur cette figure que les trois courants sont pratiquement de même amplitude contrairement aux courants asservis par des correcteurs PI.

La figure 3.27 montre que le courant et la tension sont pratiquement en phase, le facteur de puissance obtenu dans ce cas est de 0.9987 ce qui montre que la puissance réactive est quasiment nulle.

La figure 3.28 montre le spectre de la phase 2. Les harmoniques impaires sont conformes aux normes. Pour les harmoniques paires, celles qui sont autour de l'harmonique de rang 100 ne sont pas conformes aux normes mais leurs amplitudes sont pratiquement la moitié de celles rencontrées en utilisant des correcteurs PI; cela est dû à l'augmentation de l'inductance du filtre. Le THD obtenu dans ce cas vaut 1.89% et la composante continue est de 1.37%.

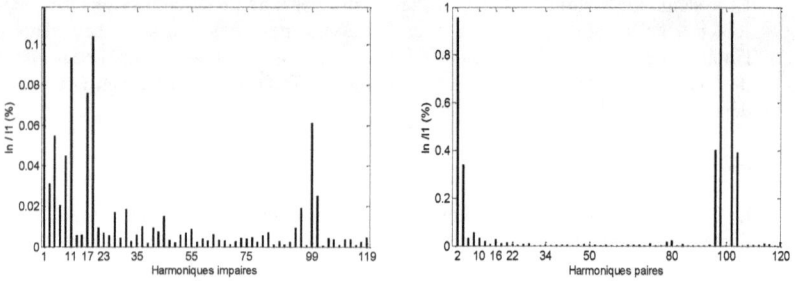

Fig 3.28. Harmoniques du courant d'une phase (1ère méthode)

3.7.2. Deuxième générateur de connexions

La figure 3.29 montre les trois courants triphasés, les courants sont de même amplitude.

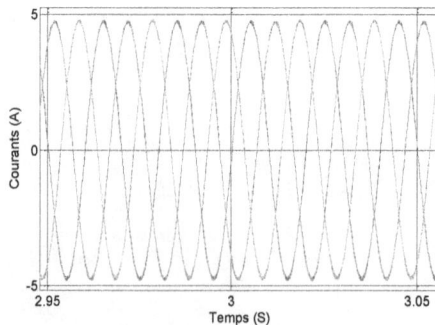

Fig 3.29. Courants triphasés (2ème méthode)

93

Le courant et la tension dans la figure 3.30 sont en phase et le facteur de puissance obtenu est de 0.9977, cette valeur est légèrement inférieure à celle du premier générateur.

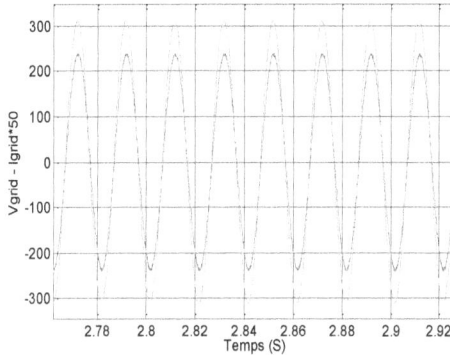

Fig 3.30. Courant et tension de la phase 2

Le spectre de la phase 2 (figure 3.31) montre que les harmoniques impaires sont conformes aux normes, les amplitudes de toutes les harmoniques ont diminué est particulièrement celles en dessous du rang 11, que ce soit les harmoniques paires ou impaires. Les harmoniques paires autour du rang 100 sont toujours importantes mais leur amplitude a diminuée de moitié pratiquement après l'augmentation de l'inductance.

Le THD obtenu dans ce cas a la valeur de 1.47%, meilleur que celui de la première méthode; la composante continue normalisée par rapport à la fondamentale vaut 0.23%.

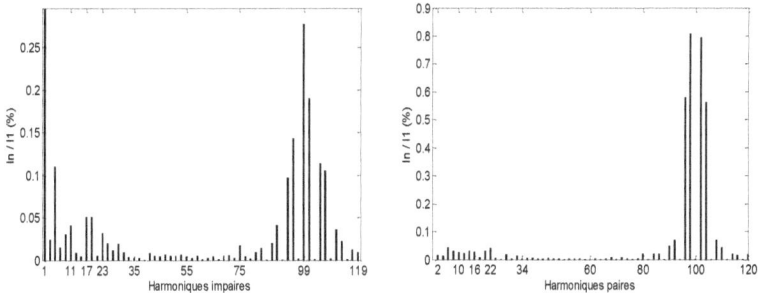

Fig 3.31. Harmoniques du courant d'une phase (2ème méthode)

3.7.3. Troisième générateur de connexions

La figure 3.32 montre les trois courants triphasés obtenus en commandant la matrice d'interrupteurs par la troisième méthode. On remarque que pour les demi-ondes négatives, il existe une petite fluctuation et l'amplitude n'est pas parfaitement constante. Le courant et la tension dans la figure 3.33 sont en phase mais le calcul du facteur de puissance qui donne la valeur de 0.9966 montre que cet alignement est moins bon que les deux méthodes précédentes.

Le spectre de la phase 2 (figure 3.34) montre que les harmoniques paires et impaires autour du rang 100 ne sont toujours pas conformes aux normes. Leurs amplitudes, néanmoins, sont de moitié moins importantes.

Le THD obtenu dans ce cas a la valeur de 1.70%, moins bon que les deux méthodes précédente. La composante continue vaut 0.19%

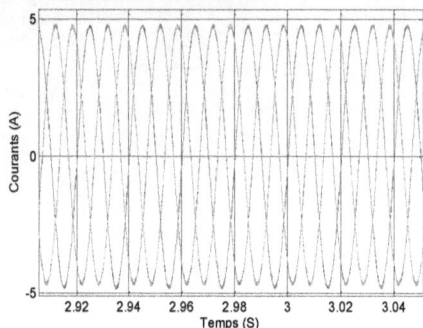

Fig 3.32. Courants triphasés (3ème méthode)

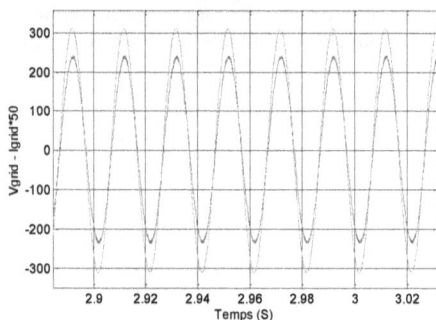

Fig 3.33. Courant et tension de la phase 2

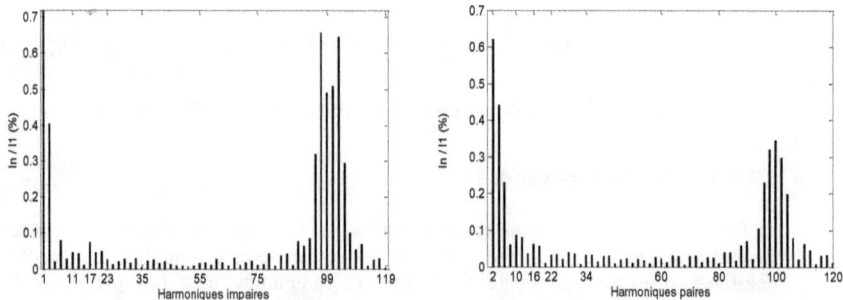

Fig 3.34. Harmoniques du courant d'une phase (3ème méthode)

3.7.4. Quatrième méthode: méthode intelligente

La figure 3.35 montre les trois courants triphasés, les courants sont pratiquement de même amplitude.

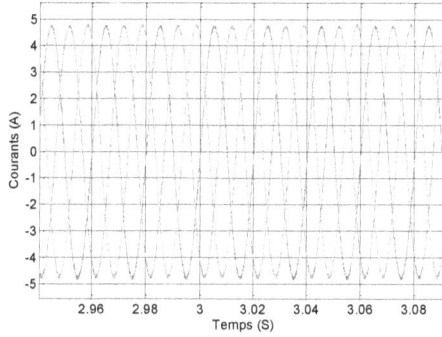

Fig 3.35. Courants triphasés (4ème méthode)

Le courant et la tension dans la figure 3.36 sont en phase. Le calcul du facteur de puissance donne la valeur de 0.9980, cette valeur est proche de celle de la deuxième méthode.

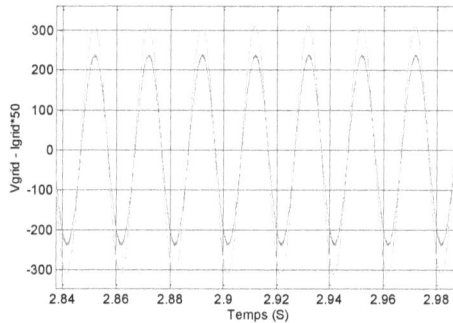

Fig 3.36. Courant et tension de la phase 2

Le spectre de la phase 2 (figure 3.37) montre que les harmoniques impaires sont conformes aux normes, les harmonique paires autour du rang 100, bien que non conformes aux normes, leurs amplitudes sont de moitié moins importantes.
Le THD obtenu dans ce cas a la valeur de 1.47%, le même que la deuxième méthode.
La composante continue vaut 0.027% ce qui veut dire qu'elle est quasiment nulle.

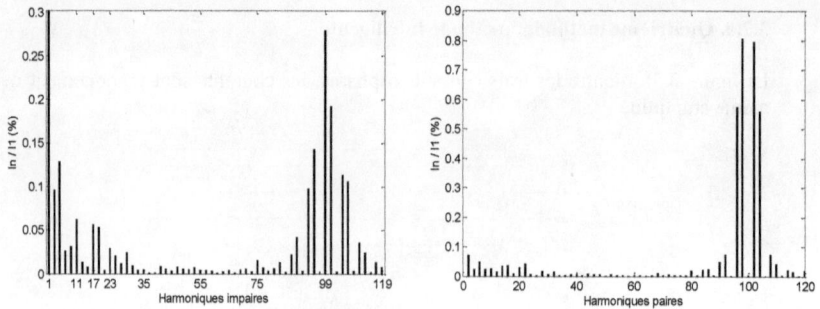

Fig 3.37. Harmoniques du courant d'une phase (4ème méthode)

3.8. Synthèse des résultats obtenus

Le tableau (3.6) donne un récapitulatif des résultats obtenus ci-dessus.

Ce tableau montre que l'utilisation des correcteurs résonnants apporte une nette amélioration au facteur de puissance, tandis que l'augmentation de l'inductance à permis un meilleur filtrage des harmoniques, ce qui abouti à un meilleur THD.

L'intérêt de l'utilisation des réseaux de neurones n'a pas pu être élucidé dans le cas de l'utilisation du correcteur PI à cause de l'imprécision de celui-ci pour une consigne sinusoïdale. Dans le cas de l'utilisation du correcteur résonnant, le générateur de connexions à base des réseaux de neurones donne les meilleurs résultats sauf pour le facteur de puissance où la première méthode est très légèrement meilleure. Un autre intérêt de la méthode intelligente: c'est sa souplesse. La recherche de données d'apprentissage plus adaptées (par optimisation par exemple), ou la combinaison de données issues de plusieurs générateurs de connexions classiques pourra aboutir à de meilleurs résultats.

Le tableau (3.6) montre aussi que les harmoniques paires, pour tous les générateurs, ne sont pas conformes aux normes. On a abouti à ce résultat car nous avons considéré les harmoniques jusqu'au rend 200. En pratique, on ne considère en général que les 50 premières harmoniques, les autres sont en général atténuées par les inductances des lignes, et dans ce cas, on pourra dire que nous sommes dans les normes.

Tab 3.6. Récapitulatif des résultats obtenus

	Méthode	FP	THD (%)	CC/I$_1$ (%)	Harmonique impaire conforme	Harmonique paire conforme
Correcteur PI $L_f = 0.03H$	1	0.9532	3.99	3.03	Oui	Non
	2	0.9626	3.24	0.17	Non	Non
	3	0.9743	3.90	0.062	Non	Non
	Intelligente	0.9626	3.98	0.46	Non	Non
Correcteur Résonnant $L_f = 0.06H$	1	0.9987	1.89	1.37	Oui	Non
	2	0.9977	1.47	0.23	Oui	Non
	3	0.9966	1.70	0.19	Non	Non
	Intelligente	0.9980	1.48	0.027	Oui	Non

4. Conclusion

Dans ce chapitre nous avons essayé d'apporter une contribution à l'optimisation des installations photovoltaïques par des techniques intelligentes. Pour l'optimisation du fonctionnement du générateur photovoltaïque, un MPPT à base de la logique floue type-1 a été proposé. Une étude comparative entre ce dernier et un MPPT classique a montrée une nette amélioration des résultats par l'utilisation de l'MPPT intelligent. Une intégration de la sortie de l'MPPT a permit de lisser le courant, et ainsi, la puissance obtenus à la sortie du GPV.

Pour rendre compte de la pollution harmonique induite par l'interconnexion du GPV au réseau de distribution, une matrice d'interrupteurs a été introduite au modèle étudié au chapitre deux. Pour la commande de cette matrice, plusieurs générateurs de connexions ont été étudiés. L'utilisation des correcteurs PI pour les boucles de courant a aboutit à des résultats peut satisfaisants car elle engendre un déphasage entre les courants injectés et les tensions du réseau. Pour palier à ce problème on a substitué ceux-ci par des correcteurs résonnants qui ont donnés des résultats meilleurs. Un générateur de connexions à base de réseaux de neurones a été proposé dans ce chapitre. Ce générateur a permit d'obtenir des résultats meilleurs que ceux des autres générateurs classiques étudiés.

CHAPITRE IV

Dimensionnement intelligent des installations photovoltaïques

1. Introduction

La production optimale d'un système photovoltaïque interconnecté au réseau dépend du rapport entre la taille du générateur photovoltaïque et celle de l'onduleur [28-30, 32, 38, 40]. Le rapport de dimensionnement (R_d) est défini comme étant le rapport entre la puissance nominale d'entrée de l'onduleur et la capacité du générateur photovoltaïque (GPV) sous des conditions de test standards (STC: standard test conditions). Ce rapport est donné par:

$$R_d = \frac{P_{inv,rated}}{P_{pv,rated}} \qquad (4.1)$$

Où $P_{pv,rated}$ et $P_{inv,rated}$ représentent la capacité nominale du générateur photovoltaïque et la puissance nominale d'entrée de l'onduleur respectivement.

Le dimensionnement GPV/Onduleur optimum dépend du climat local, de l'orientation et de l'inclinaison de la surface du GPV, des performances de l'onduleur et du rapport de coût GPV/onduleur. Sous un ensoleillement faible, un panneau photovoltaïque produit seulement une partie de sa puissance nominale. Ceci conduit à ce que l'onduleur fonctionne avec une puissance d'entrée inférieure à la puissance nominale ce qui conduit à un faible rendement. Inversement, c'est-à-dire quand la puissance nominale de l'onduleur est inférieure à la puissance nominale du GPV et sous un fort ensoleillement la puissance produite par le GPV et supérieur à la capacité nominale de l'onduleur et l'excédent de puissance est perdue. On constate donc qu'un surdimensionnement ou un sous dimensionnement de l'onduleur augmente le coût de l'énergie photovoltaïque produite [29, 27].

Les méthodes conventionnelles (empiriques, analytiques, numériques, hybrides, etc.) pour le dimensionnement des systèmes photovoltaïques sont généralement utilisées quand les données météorologiques nécessaires (ensoleillement, température, humidité, index de clarté vitesse du vend, etc.) ainsi que les informations concernant le site où se trouve le GPV sont disponibles. Ces méthodes représentent une bonne solution pour le dimensionnement des systèmes photovoltaïques si les informations citées sont disponibles. Cependant, de telles techniques ne peuvent pas être utilisées pour le dimensionnement des systèmes photovoltaïques si ces données ne sont pas disponibles. De plus, la majorité de ces techniques demande des mesures à long terme des données météorologiques. Pour palier à ce problème, de nouvelles méthodes, basées sur des techniques intelligentes, ont été développées pour le dimensionnement des systèmes photovoltaïques [44].

La logique floue type-1 a été utilisée dans plusieurs travaux pour dimensionnement des systèmes photovoltaïques [44]. Cependant, l'utilisation de La logique floue type-1 nécessite l'expérience et le savoir d'un expert humain pour définir à la fois les classes et les règles floues. Puisque le degré d'appartenance à une classe est un nombre non flou dans l'intervalle [0,1], il n'est pas capable de compenser directement les incertitudes des règles. De plus les mots utilisés dans les règles floues peuvent souvent exprimer plusieurs sens pour différentes personnes. Ceci conduits, à des incertitudes sur les règles appliquées sur les informations disponibles.

Pour palier à ce problème, Zadeh [54] a proposé le concept de Systèmes flous type-2, qui n'est autre qu'une extension des Systèmes flous type-1. Un Système flous type-2 est aussi caractérisé par des règles de la forme: SI-ALORS; cependant, ces fonctions d'appartenances sont des ensembles floue type-2. Les structures des systèmes flous type-1 et type-2 sont montrées dans la figure 4.1. La structure des systèmes flous type-2 est similaire à la structure des systèmes flous type-1 avec comme seule différence le traitement à la sortie. Le processeur de sortie contient un réducteur de type et un défuzzificateur pour générer une sortie d'un système flou type-1 depuis le réducteur de type-2 ou un nombre non flou depuis le défuzzificateur. Le réducteur de type capte plus d'informations concernant les incertitudes sur les règles que ne le fait la valeur défuzziffiée (nombre non flou).

Un Système flou type-2 est caractérisé par une fonction d'appartenance floue pour laquelle le degré d'appartenance de chaque élément est un ensemble floue dans [0, 1]. Ceci est à l'encontre du système flou type-1 pour lequel le degré d'appartenance de chaque élément est un nombre non flou dans [0, 1]. Ceci rend les Systèmes flous type-2 très utile dans les cas ou les degrés d'appartenance sont difficiles à déterminer exactement [54][55].

Dans la présente étude, la logique floue type-2 est utilisée pour déterminer le rapport de dimensionnement optimum entre l'onduleur et le GPV pour des systèmes photovoltaïques interconnectés au réseau situés dans quelques villes algériennes. Le système est orienté vers le sud et l'angle d'inclinaison de la surface du GPV varie entre 0° et 90°. Le rapport de dimensionnement optimum est déterminé de façon à maximiser la puissance de sortie du système. Puisque nous ne disposons pas de données météorologiques des sites choisis, pour chacun d'eux, des données synthétiques d'une année entière ont été utilisées. Les données mensuelles disponibles dans le site de la NASA [57], nous ont servi, en utilisant le logiciel PVSYST [50], à générer ces données synthétiques (Ensoleillement global sur une surface horizontale et la température ambiante). On a choisi la logique floue type-2 à cause de la non disponibilité des données météos à long terme et du fait que cette méthode est peu sensible aux incertitudes dans l'estimation des données synthétiques utilisées.

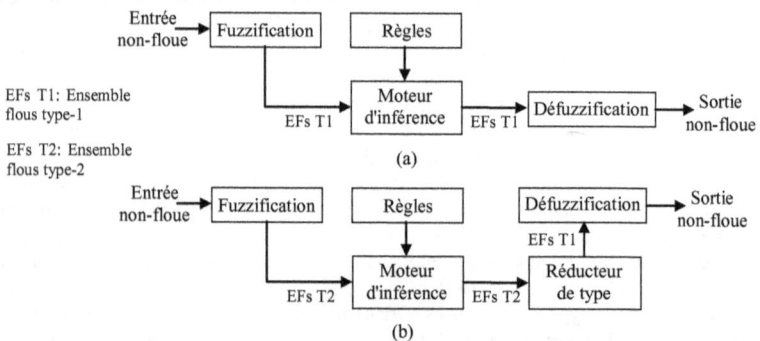

Fig 4.1. Structure des systèmes flous
(a) Systèmes flous type-1
(b) Systèmes flous type-2

2. Détermination des paramètres du panneau photovoltaïque

Le modèle des "quatre paramètres" qui considère la cellule PV comme une source de courant idéale dépendant de l'ensoleillement en parallèle avec une diode a été utilisée pour modéliser le panneau photovoltaïque [31]. Les quatre paramètres sont le courant photogénéré sous les conditions de référence ($I_{ph,ref}$), le courant de saturation inverse de la diode sous les conditions de référence ($I_{o,ref}$), le facteur de lissage (d), et la résistance série du module (R_s) [52]. Le courant total (I) du panneau est calculé comme suit [55]:

$$I = I_{ph} - I_o\left[exp\left(\frac{q}{dkT}\left(V + IR_s\right)\right) - 1\right]$$ (4.2)

Les valeurs des paramètres d et R_s sont fixées pour chaque cellule photovoltaïque. Le courant photogénéré (I_{ph}) est linéairement proportionnel à l'ensoleillement incident:

$$I_{ph} = I_{ph,ref}\frac{\lambda}{\lambda_{ref}}$$ (4.3)

Où $I_{ph,ref}$ est le courant photogénéré sous les conditions de référence et λ est λ_{ref} représentent l'ensoleillement instantané et l'ensoleillement de référence, respectivement.

Le courant inverse de saturation (I_o) est exprimé en fonction des caractéristiques matérielles et de la température du module (T):

$$I_o = I_{o,ref}\left(\frac{T}{T_{ref}}\right)^3 exp\left[\frac{q\varepsilon}{Ak}\left(\frac{1}{T_{ref}} - \frac{1}{T}\right)\right]$$ (4.4)

Où A est égal à d/n_s; n_s est le nombre de cellules connectées en série du module; ε est la barrière de potentiel du semi-conducteur, $I_{o,ref}$ et T_{ref} sont le courant inverse de saturation et la température du module, respectivement, sous les conditions de référence ($T_{ref} = 25°C$, $\lambda_{ref} = 1000W/m^2$).

Les paramètres $I_{ph,ref}, I_{o,ref}, R_s$ et d peuvent être déduits de la caractéristique I-V (i.e. équation (4.2)) sous les conditions de référence(i.e $\lambda = \lambda_{ref}$ et $T = T_{ref}$). En substituant (I) par zéro et (V) par $V_{oc,ref}$ dans le cas du circuit ouvert; (I) par $I_{cc,ref}$ et (V) par zéro dans le cas du court-circuit et (I) par $I_{mp,ref}$ et (V) par $V_{mp,ref}$ dans le cas où le module travail dans le point de puissance maximale, on obtient les équations suivantes:

$$0 = I_{ph,ref} - I_{o,ref}\left[exp\left(\frac{qV_{co,ref}}{dkT_{ref}}\right) - 1\right]$$ (4.5)

$$I_{cc,ref} = I_{ph,ref} - I_{o,ref}\left[exp\left(\frac{qI_{cc,ref}R_S}{dkT_{ref}}\right) - 1\right]$$ (4.6)

$$I_{mp,ref} = I_{ph,ref} - I_{o,ref}\left[exp\left(\frac{q}{dkT_{ref}}\left(V_{mp,ref} + I_{mp,ref}R_S\right)\right) - 1\right]$$ (4.7)

Le courant de saturation inverse (I_o) est très faible, généralement de l'ordre 10^{-5} ou 10^{-6}, le terme "-1" dans les équation (4.5), (4.6) et (4.7) peut être donc négligé. Cette considération conduit aux trois équations suivantes:

$$0 = I_{ph,ref} - I_{o,ref}\left[exp\left(\frac{qV_{co,ref}}{dkT_{ref}}\right)\right] \tag{4.8}$$

$$I_{cc,ref} = I_{ph,ref} - I_{o,ref}\left[exp\left(\frac{qI_{cc,ref}R_S}{dkT_{ref}}\right)\right] \tag{4.9}$$

$$I_{mp,ref} = I_{ph,ref} - I_{o,ref}\left[exp\left(\frac{q}{dkT_{ref}}\left(V_{mp,ref} + I_{mp,ref}R_S\right)\right)\right] \tag{4.10}$$

Pour le court-circuit, le terme exponentiel dans l'équation (4.9) est très faible et peut donc être négligé:

$$I_{cc,ref} \approx I_{ph,ref} \tag{4.11}$$

Les équations (4.8) et (4.11) conduisent à :

$$I_{o,ref} = \frac{I_{cc,ref}}{exp\left(\frac{qV_{co,ref}}{dkT_{ref}}\right)} \tag{4.12}$$

Par substitution de l'équation (4.12) dans l'équation (4.10), on trouve:

$$I_{mp,ref} = I_{cc,ref} - I_{o,ref}\left[exp\left(\frac{q}{dkT_{ref}}\left(V_{mp,ref} + I_{mp,ref}R_S\right)\right)\right] \tag{4.13}$$

Par substitution de l'équation (4.12) dans l'équation (4.13), on trouve:

$$I_{mp,ref} = I_{cc,ref} - \left[\frac{I_{cc,ref}}{exp\left(\frac{qV_{co,ref}}{dkT_{ref}}\right)}\right] \times \left[exp\left(\frac{q}{dkT_{ref}}\left(V_{mp,ref} + I_{mp,ref}R_S\right)\right)\right] \tag{4.14}$$

D'où :

$$I_{mp,ref} - I_{cc,ref} = I_{cc,ref}\left[exp\left(\frac{q}{dkT_{ref}}\left(V_{mp,ref} - V_{co,ref} + I_{mp,ref}R_S\right)\right)\right] \tag{4.15}$$

D'où

$$1 - \frac{I_{mp,ref}}{I_{cc,ref}} = exp\left(\frac{q}{dkT_{ref}}\left(V_{mp,ref} - V_{co,ref} + I_{mp,ref}R_S\right)\right) \tag{4.16}$$

D'où

$$ln\left(1 - \frac{I_{mp,ref}}{I_{cc,ref}}\right) = \frac{q}{dkT_{ref}}\left(V_{mp,ref} - V_{co,ref} + I_{mp,ref}R_S\right) \tag{4.17}$$

Et enfin:

$$d = \frac{q\left(V_{mp,ref} - V_{co,ref} + I_{mp,ref}R_S\right)}{kT_{ref}\,ln\left(1 - \dfrac{I_{mp,ref}}{I_{cc,ref}}\right)}$$ (4.18)

Le paramètre R_s est obtenu à partir des coefficients de température de la tension du circuit ouvert et du courant de court-circuit. ($\mu_{V,co}$ et $\mu_{I,cc}$).

Les valeurs des coefficients de température sont disponibles dans le catalogue du modules. La dérivée analityque de la tension par rapport à la température dans le cas du court-circuit et sous les conditions de références est égale au coefficient de température de la tension de circuit-ouvert [52] :

$$\frac{\partial V_{co}}{\partial T} = \mu_{V,co} = \frac{d.k}{q}\left[ln\left(\frac{I_{cc,ref}}{I_{o,ref}}\right) + \frac{T\mu_{I,cc}}{I_{cc,ref}} - \left(3 + \frac{q\varepsilon}{dkT_{ref}}\right)\right]$$ (4.19)

Les quatre paramètres caractéristiques ont été calculés par la résolution du système formé par les quatre équations (4.11), (4.12), (4.18) et (4.19) en utilisant la fonction "solve" de MATLAB.

En utilisant les valeur données dans le tableau 4.1, on a obtient:

$$I_{o,ref} = 2.86 \times 10^{-6}\,A$$
$$I_{ph,ref} = 3.45\,A$$
$$R_s = 0.2421\,\Omega$$
$$d = 120$$

Les paramètres caractéristique du module photovoltaïque utilisé dans cette étude sont montrés dans le tableau 4.1.

Tab 4.1. Les paramètres caractéristique du module

Paramètre	Valeur
Courant de court-circuit du module sous les conditions de références	3.45 A
Tension de circuit ouvert du module sous les conditions de références	43.5 V
Température de référence	298 °K
Ensoleillement de référence	1000 W/m2
La tension au point de puissance maximale sous les conditions de références	35.0 V
Le courant au point de puissance maximale sous les conditions de références	3.15 A
Le coefficient de Température de courant de court-circuit	4.0· 10-4 A.K-1
Le coefficient de Température de la tension de circuit ouvert	-3.4· 10-3 V.K-1
La barrière de potentiel du Semi-conducteur	1.12 Ev
Nombre de cellules connectées en série par module	72
Nombre de modules connectés en série par panneau	17
Nombre de panneau en parallèle.	7

La capacité du générateur photovoltaïque peut être déduite d'après les données du Tableau 4.1 comme suit:

$$P_{pv,rated} = 35 \times 3.15 \times 7 \times 17 = 13KW_p$$

3. Modélisation de l'onduleur

En pratique, le rendement de l'onduleur n'est pas constant mais il est fonction de la puissance d'entrée. Pour prévoir la sortie de l'onduleur, l'équation suivante a été utilisée [31]:

$$P_{inv,n} = k_0 + k_1 P_{pv,n} + k_2 P_{pv,n}^2 \qquad (4.20)$$

où $P_{pv,n} = \dfrac{P_{pv}}{P_{inv,rated}}$ et $P_{inv,n} = \dfrac{P_{inv}}{P_{inv,rated}}$.

Ici, $P_{pv,n}$ et $P_{inv,n}$ sont l'entrée et la sortie normalisées de l'onduleur respectivement; $P_{inv,rated}$ est la capacité nominale d'entrée de l'onduleur; et k_0, k_1, et k_2 sont des coefficients de corrélation. Pour cette étude on a pris k_0, k_1, et k_2 égaux à -0.015, 0.98, et -0.09, respectivement [31].

Le rendement de l'onduleur en fonction de la puissance d'entrée, d'après l'équation (4.20), est illustré dans la figure 4.2.

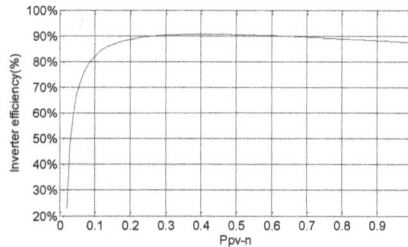

Fig 4.2. Rendement de l'onduleur

4. Les données météorologiques utilisées

Les moyennes météorologiques mensuelles disponibles dans le site WEB de la NASA [57] ont été utilisées pour générer les données synthétiques horaires utilisées dans notre travail (l'ensoleillement horizontal global et la température ambiante) à l'aide du logiciel PVSYST [50].

4.1 Ensoleillement horizontal global

Pour l'ensoleillement global, PVSYST utilise des algorithmes aléatoires bien établis qui génèrent des distributions horaires des propriétés statistiques très proches des données réelles [47, 48].

L'algorithme qu'utilise PVSYST construit d'abords une séquence aléatoire de valeurs journalières à l'aide de la bibliothèque de transitions de Markov (matrices de probabilités) construites à partir de données météorologiques horaires réelles prisent dans plusieurs stations autour du monde. Puis il applique un modèle gaussien autorégressif dépendant du temps pour générer des séquences horaires pour chaque jour.

4.2 Température ambiante

Pour la température, un modèle général n'existe pas. PVSYST utilise une procédure qui fait un ajustement autour des données météorologiques prises dans des sites suisses dont une généralisation n'est pas prouvée.

On fait, la séquence journalière de la température ambiante présente une faible corrélation avec l'ensoleillement global. Puisque cette séquence doit être continue, PVSYST la construit en utilisant essentiellement des pentes journalières aléatoires, avec des contraintes sur les moyennes mensuelles.

Cependant, le profile journalier peut avoir une relation plus étroite avec l'ensoleillement global. Pendant la journée, l'évolution de la température est similaire à une sinusoïde, avec une amplitude reliée à l'ensoleillement journalier global et un déphasage de 2 à 3 heures. Les paramètres de corrélation (pour la température et le déphasage) sont estimés à partir de mesures effectuées dans plusieurs régions suisses, ce qui peut être généralisé à d'autres régions analogues dans le monde.

L'évolution du système photovoltaïque n'est pas très sensible aux changements de température (approximativement 0.4%/°C). Ceci implique que la moyenne mensuelle est correcte et les résultats globaux de la production photovoltaïque ne dépendent pas fortement de la séquence journalière de la température.

4.3 Température du module

Pour déterminer la température du module, une équation simple a été développée dans [31] en utilisant la température ambiante T_a est l'ensoleillement reçu par la surface du module. L'équation de corrélation est la suivante:

$$T = T_a + 0.031 \lambda \tag{4.21}$$

4.4 L'estimation de l'ensoleillement horaire sur une surface inclinée

Dans de nombreux site, dans les meilleurs des cas, seulement l'ensoleillement global sur une surface horizontale est disponible. Puisque la majorité des surfaces captant l'énergie solaire sont inclinée, ces données sont clairement insuffisantes. De nombreux modèles pour l'estimation de l'ensoleillement global sur une surface inclinée à partir de l'ensoleillement sur une surface horizontale sont disponibles; cependant, ces modèles nécessite à la fois des informations sur l'ensoleillement globale et l'ensoleillement direct ou diffus sur une surface horizontale. Dans [36], deux modèles nécessitant seulement la connaissance de l'ensoleillement globale sur une surface horizontale pour déterminer celui sur surface inclinée ont été étudiés. Dans notre travail nous avons utilisé le modèle donné par l'équation (4.22) et qui donne de meilleurs résultats:

$$\lambda_\beta = \lambda_G \left[0.1 + \frac{\rho}{2} + \left(0.1 - \frac{1}{2}\rho \right) \cos \beta + 0.8 (\cos \theta / \cos \theta_z) \right] \tag{4.22}$$

Où

λ_β : l'ensoleillement totale reçu sur une surface inclinée d'un angle β,

λ_G : l'ensoleillement horizontal global,

θ_z : l'angle du zénith calculé par [49]:

$$cos\,\theta_z = sin\,\delta\,sin\,\phi + cos\,\delta\,cos\,\phi\,cos\,\omega \qquad (4.23)$$

δ : la déclinaison du jour D calculée par [33]:

$$\delta(D) = 0.4093\,sin\left(2\pi\,\frac{D-81}{365}\right) \qquad (4.24)$$

ρ : réflectivité du sol; dans ce travail, on a pris une valeur constante de ρ égale à 0.2,
ϕ : la latitude géographique,
ω : l'angle horaire,
θ : l'angle d'incidence pour une surface inclinée arbitraire orientée vers l'équateur calculée par [28]:

$$cos\,\theta = sin\,\delta\,sin(\phi - \beta) + cos\,\delta\,cos(\phi - \beta)cos\,\omega \qquad (4.25)$$

Dans la présente étude, une forme discrète de l'angle horaire ω a été choisie. Le mouvement du soleil dans le ciel peut être remplacé par un ensoleillement durant des intervalles courts de temps de "nombreux soleils immobile" [33] dont les positions correspondent à la position moyenne de la position du soleil pendant chaque intervalle. Si le temps solaire est divisé en intervalles de temps suffisamment courts, une telle description correspondra au vrai mouvement du soleil. Les positions temporaires du soleil sont considérées uniformément distribuées en terme de temps solaire pendant les intervalles de temps; par conséquent ils seront uniformes par rapport à l'angle horaire.
L'intervalle de temps Δt est obtenu en divisant les 24h du jour en N parties égales:

$$\Delta t = \frac{24}{N} \qquad (4.26)$$

La variable n, qui est symétrique par rapport à 12.00, est introduite par la formule suivante:

$$\tau = n\Delta t + 12 \qquad (4.27)$$

où τ est l'horaire solaire.
L'équation pour la détermination de l'angle horaire est:

$$\omega(\tau) = 15\tau - 180 \qquad (4.28)$$

En substituant (4.27) dans (4.28), on obtient:

$$\omega(n) = 15n\Delta t \qquad (4.29)$$

En tenant compte des équations (4.26) et (4.29), on obtient

$$\omega(n) = \frac{360n}{N} \qquad (4.30)$$

Ou en radians

$$\omega(n) = \frac{2\pi n}{N} \tag{4.31}$$

Dans les calculs effectués, on a fait les suppositions suivantes: l'intervalle de temps Δt est égal à une heure, l'horaire solaire varie entre 5h00 et 20h00. Les données précédentes correspondent à une variation de l'angle horaire de -105° à +120° et de la variable de temps n, supposée entière, entre -7 à +8.

5. Poursuite du point de puissance maximale

Pour permettre d'extraire le maximum de puissance du générateur photovoltaïque, on a utilisé un algorithme de recherche du point de puissance maximale (maximum power point tracking:MPPT) basé sur la logique floue type-1. Le point de puissance maximale est poursuivi en faisant varier la tension de sortie du GPV.

5.1 Fuzzification

Les valeurs des fonctions d'appartenance sont assignées aux variables linguistiques en utilisant cinq sous-ensembles flous: "negative big"(NB), "negative" (N), "zero" (ZO), "positive" (P), et "positive big" (PB). Les variables d'entrée de l'MPPT sont ΔV et ΔP, où ΔV est la variation de la tension à la sortie du GPV:

$$\Delta V = V(k) - V(k-1) \tag{4.32}$$

et ΔP est la variation de la puissance à la sortie du GPV:

$$\Delta P = P(k) - P(k-1) \tag{4.33}$$

La sortie de l'MPPT est la correction de la tension, ΔU.
Les fonctions d'appartenance des variables sont montrées sur la figure 4.3.

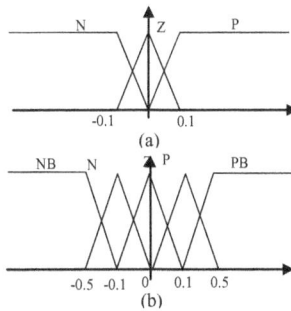

Fig 4.3. Fonctions d'appartenance
    (a) La partie SI
    (b) La partie ALORS

5.2 Moteur d'inférence

Les entrées fuzzifiées attaque le moteur d'inférence où la base des règles est appliquée. Les ensembles flous de sortie sont ensuite identifiés en utilisation une méthode d'implication floue. La méthode d'implication floue généralement utilisée est la méthode MIN-MAX qui est aussi utilisée ici. Le tableau 4.2 montre la base des règles adoptées pour la poursuite du point de puissance maximale; la forme générale de ces règles est donnée ci-dessous:

Si ΔV est ... Et ΔP est ..., Alors ΔU devient ...

Ces règles ont été choisies d'après une connaissance préalable du système et d'après quelques essais empiriques.

Tab 4.2. La base des règles adoptées pour le MPPT

$\Delta V \backslash \Delta P$	N	Z	P
N	PB	P	N
Z	P	Z	N
P	NB	N	P

5.3 Défuzzification

Après l'implication floue, la zone floue de la sortie est localisée. Puisque la sortie finale désirée n'est pas floue, un étage de défuzzification est nécessaire. La méthode de défuzzification du centre de gravitée est utilisée dans le MPPT proposée.

6. Utilisation de la logique floue type2 pour le dimensionnement de l'onduleur

La structure de l'optimiseur du rapport de dimensionnement à base de la logique floue type2 (type-2 fuzzy logic optimizer : T2FLO) est montrée dans la figure 4.4. Les entrées du T2FLO sont la variation de la puissance horaire moyenne produite pendant toute les heures ensoleillées d'une année, ΔP_a, et la variation du rapport de dimensionnement, ΔRd, où:

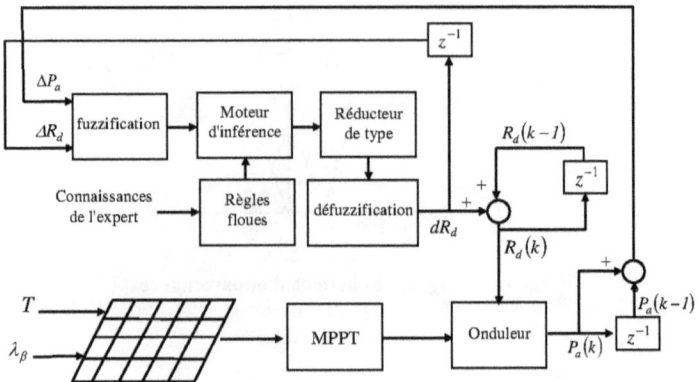

Fig 4.4. La structure du T2FLO

$$\Delta P_a = P_a(k) - P_a(k-1) \tag{4.34}$$

et

$$\Delta R_d = R_d(k) - R_d(k-1) \tag{4.35}$$

La sortie du T2FLO est la correction du rapport de dimensionnement: dR_d.
Le rapport de dimensionnement de la $k^{ème}$ itération est donnée par:

$$R_d(k) = R_d(k-1) + dR_d \tag{4.36}$$

Enfin la puissance nominale d'entrée de l'onduleur à la $k^{ème}$ itération est calculée comme suit:

$$P_{inv,rated}(k) = P_{pv,rated} \times R_d(k) \tag{4.37}$$

Dans ce qui suit, nous allons voir comment calculer la correction du rapport de dimensionnement, dR_d, en utilisant la logique floue type-2.
Supposons qu'il y a M règles dans le système flou type-2, dont chacune d'elle a la forme suivante:

Règle i: SI ΔP_a est $\tilde{G}^i_{\Delta P_a}$ et ΔR est $\tilde{G}^i_{\Delta R}$, ALORS dR_d est $[w^i_l, w^i_r]$

Où $i = 1,2..,M$, $\tilde{G}^i_{\Delta P_a}$ et $\tilde{G}^i_{\Delta R}$ sont les ensembles des intervalles floues type-2 de la partie SI, w^i_l et w^i_r sont les valeurs supérieure et inférieure de la partie ALORS, respectivement. Les fonctions d'appartenance des parties SI (Prémisses) et ALORS (Conséquences) sont montrées dans la figure 4.5. Les sous-ensembles flous sont: "negative big" (NB), "negative small" (NS), "zero" (ZO), "positive small" (PS) et "positive big" (PB). Le degré d'activation correspondant à la $i^{ème}$ règle est alors:

$$F^i = [\underline{f}^i \quad \overline{f}^i] \tag{4.38}$$

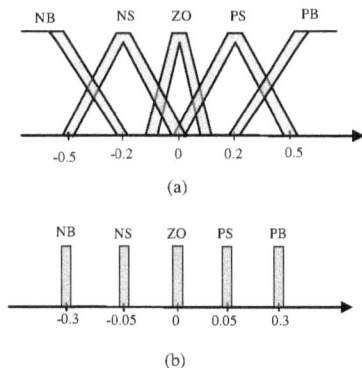

(a)

(b)

Fig 4.5. Fonction d'appartenance
(a) la partie SI (Prémisses)
(b) la partie ALORS (Conséquences)

Où:

$$\underline{f}^i = \underline{\mu}_{\tilde{G}^i_{\Delta P}}(\Delta P_a) \times \underline{\mu}_{\tilde{G}^i_{\Delta R}}(\Delta R) \tag{4.39}$$

$$\overline{f}^i = \overline{\mu}_{\tilde{G}^i_{\Delta P}}(\Delta P_a) \times \overline{\mu}_{\tilde{G}^i_{\Delta R}}(\Delta R) \tag{4.40}$$

Dans lesquelles $\underline{\mu}(x)$ et $\overline{\mu}(x)$ dénote la valeur de la fonction d'appartenance inférieure et supérieure, respectivement, correspondant à l'entrée x.

Une fuzzification singleton type-2 avec un minimum t-norm est utilisée ici. Elle est montrée sur la figure 4.6.

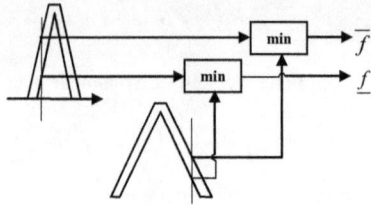

Fig 4.6. Fuzzification

De nombreuses méthodes sont utilisées pour réaliser la réduction de type. Dans notre cas nous avons utilisé la méthode du centre des ensembles (cente-of-sets: cos).

La sortie du réducteur de type peut être exprimée comme suit:

$$dR_{\cos} = [dR_l, dR_r] \tag{4.41}$$

Où $dR_{\cos}$ est un ensemble d'intervalles type-1 déterminé par les points gauche et droit (dR_l et dR_r), qui peuvent être déduits de l'intervalle flou type-2 $[w_l^i, w_r^i]$ et du degré d'activation $f^i \in F^i = [\underline{f}^i \quad \overline{f}^i]$. L'ensemble des intervalles $[w_l^i, w_r^i]$ ($i = 1, 2, ..., M$) doit premièrement être calculé ou initialisé avant le calcul de $dR_{\cos}$. Le point le plus à gauche dR_l et le point le plus à droite dR_r peuvent être exprimés comme suit [34], [35]:

$$dR_l = \frac{\sum_{i=1}^{M} f_l^i w_l^i}{\sum_{i=1}^{M} f_l^i} \tag{4.42}$$

et

$$dR_r = \frac{\sum_{i=1}^{M} f_r^i w_r^i}{\sum_{i=1}^{M} f_r^i} \tag{4.43}$$

Ici, dR_l et dR_r peuvent être calculé efficacement en utilisant l'algorithme de Karnik-Mendel [56] comme suit:

- Trier w_r^i ($i = 1, 2, ..., M$) dans un ordre croissant et appeler les w_r^i trier par les même noms (maintenant $w_r^1 \leq w_r^2 \leq \cdots \leq w_r^M$),
- faire correspondre les poids F^i avec leurs w_r^i respectifs et les numéroter de façon à ce que leurs index correspondent aux nouveaux w_r^i.
- Appliquer ensuite les étapes suivantes:

111

Étape 1: calculer dR_r dans l'équation (4.43) en utilisant initialement $f_r^i = \left(\underline{f}^i + \overline{f}^i \right) / 2$ pour $i = 1, 2, \ldots, M$, où $\underline{f}^i$ et $\overline{f}^i$ sont pré-calculées par les équations. (4.39) et (4.40), et poser $dR_r' = dR_r$.

Étape 2: trouver $k(1 \le k \le M - 1)$ tel que $w_r^k \le dR_r' \le w_r^{k+1}$.

Étape 3: calculer dR_r dans l'équation (4.43) avec $f_r^i = \underline{f}^i$ pour $i \le k$, et $f_r^i = \overline{f}^i$ pour $i > k$, puis poser $dR_r'' = dR_r$.

Étape 4: si $dR_r'' \ne dR_r'$, aller à l'étape 5; si $dR_r'' = dR_r'$, alors poser $dR_r = dR_r''$ est aller à l'étape 6.

Étape 5: poser $dR_r' = dR_r''$ et retourner à l'étape 2.

Étape 6: fin.

Par conséquent, dR_r dans l'équation (4.43) peut être réécrite comme suit:

$$dR_r = \frac{\sum_{i=1}^{k} \underline{f}^i w_r^i + \sum_{i=R+1}^{M} \overline{f}^i w_r^i}{\sum_{i=1}^{k} \underline{f}^i + \sum_{i=R+1}^{M} \overline{f}^i} \tag{4.44}$$

La procédure pour calculer dR_l est similaire à celle du calcule de dR_r avec les petites modifications suivantes:

Dans l'étape 2, $k(1 \le k \le M - 1)$ doit être trouvé de façon à ce que $w_l^k \le dR_l' \le w_l^{k+1}$.

Dans l'étape 3, poser $f_l^i = \overline{f}^i$ pour $i \le k$, et $f_l^i = \overline{f}^i$ pour $i > k$.

On peut maintenant exprimer dR_l dans l'équation (4.43) comme suit:

$$dR_l = \frac{\sum_{i=1}^{k} \overline{f}^i w_l^i + \sum_{i=L+1}^{M} \underline{f}^i w_l^i}{\sum_{i=1}^{k} \overline{f}^i + \sum_{i=L+1}^{M} \underline{f}^i} \tag{4.45}$$

La sortie défuzifiée est la moyenne de dR_r et dR_l:

$$dR_d = \frac{dR_l + dR_r}{2} \tag{4.46}$$

Les règles floues sont rassemblées dans le tableau 4.3 Celui-ci est construit pour le scénario dans lequel ΔP_a et ΔR convergent vers zéro le plus rapidement possible et sans dépassement de la valeur optimale du rapport de dimensionnement R_d. Généralement, la détermination de ces règles vient de la connaissance humaine du problème et d'après quelques essais empiriques.

Tab 4.3. Règles floues.

ΔP_a \ ΔR	NB	NS	ZO	PS	PB
NB	PB	PB	NS	NS	NB
NS	PS	PB	ZO	ZO	NS
ZO	NS	ZO	ZO	PS	NS
PS	NS	NB	ZO	PS	PB
PB	NS	NS	ZO	PS	PB

7. Résultats des simulations

En utilisant les données synthétiques générées par PVSYS, le rapport de dimensionnement qui maximise la puissance totale à la sortie du système, a été déterminé en utilisant la logique floue type-2, pour quatre sites en Algérie: Batna (35.35°N, 6.1°E), Alger (36.43°N, 3.15°E), Adrar (27.51°N, 0.17°W) et Tamanrasset (22.47°N, 5.31°E).

La figure 4.7 montre les données météorologiques synthétiques générées par PVSYS pour la ville de Batna (est de l'Algérie).

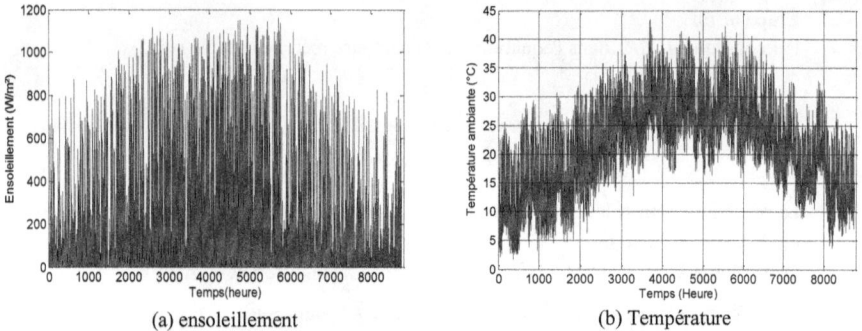

(a) ensoleillement   (b) Température

Fig 4.7. Données météorologiques synthétiques pour Batna

Les résultats obtenus pour ce site sont montrés dans les figures 4.8 et 4.9. En utilisant la logique floue type-2, on a cherché le rapport de dimensionnement optimum, entre la puissance nominale d'entrée de l'onduleur et la capacité du générateur PV. Le rapport de dimensionnement optimum et 1.291 pour un angle d'inclinaison $\beta = 45°$ et 1.204 pour $\beta = 60°$.

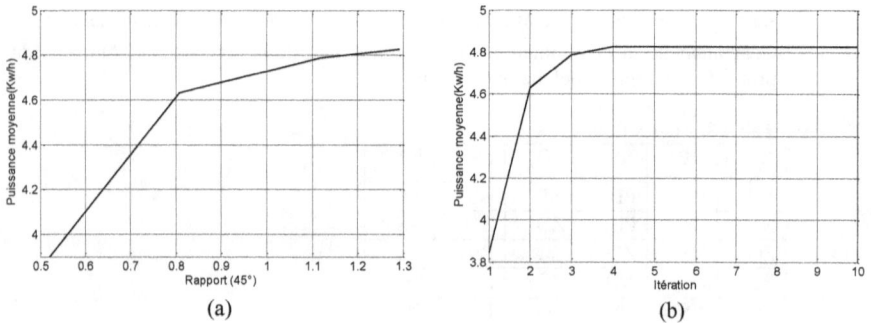

(a)   (b)

Fig 4.8. Résultats obtenus pour Batna pour $\beta = 45°$

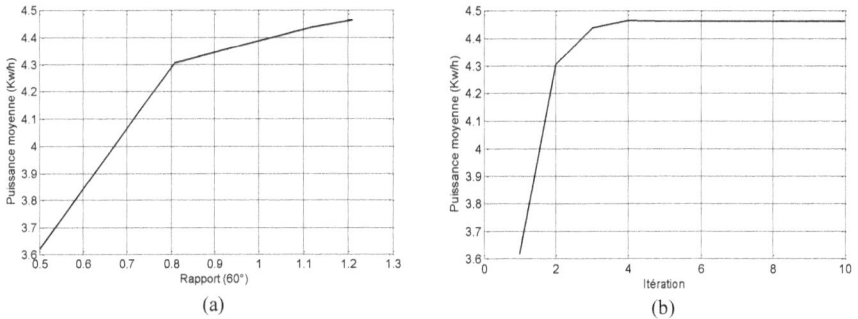

(a)　　　　　　　　　　　　　　　　(b)

Fig 4.9. Résultats obtenus pour Batna pour $\beta = 60^\circ$

La figure 4.10 montre les données météorologiques synthétiques générées par PVSYS pour la ville d'Alger (Nord de l'Algérie).

Les résultats obtenus pour ce site sont montrés dans les figures 4.11 et 4.12. Le rapport de dimensionnement optimum et 1.220 pour un angle d'inclinaison $\beta = 45^\circ$ et 1.153 pour $\beta = 60^\circ$.

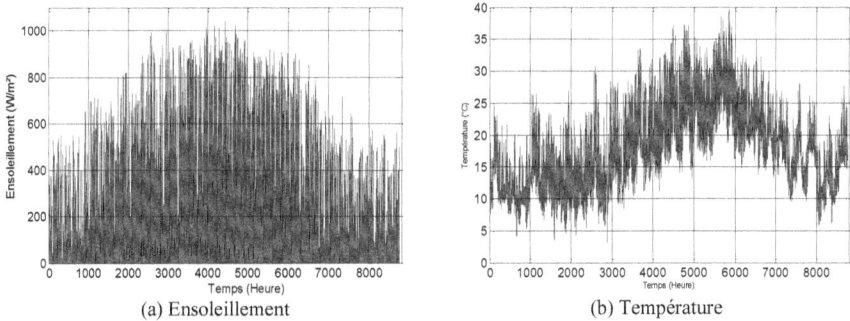

(a) Ensoleillement　　　　　　　　　　　　　(b) Température

Fig 4.10. Données météorologiques synthétiques pour Alger

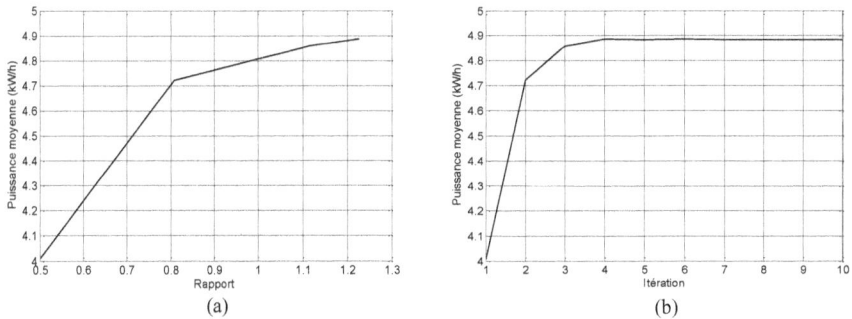

(a)　　　　　　　　　　　　　　　　(b)

Fig 4.11. Résultats obtenus pour Alger pour $\beta = 45^\circ$

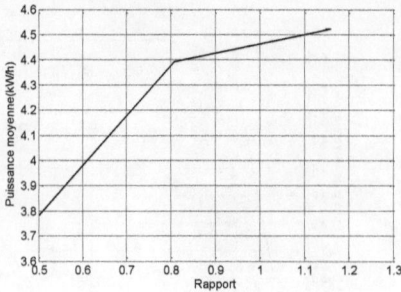
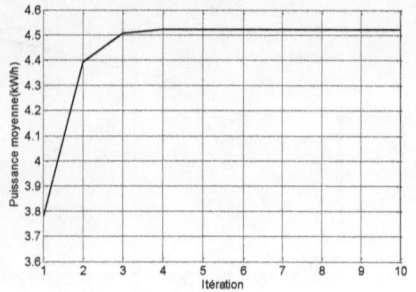

(a)   (b)

Fig 4.12. Résultats obtenus pour Alger pour $\beta = 60°$

La figure 4.13 montre les données météorologiques synthétiques générées par PVSYS pour la ville d'Adrar (Sud de l'Algérie).
Les résultats obtenus pour ce site sont montrés dans les figures 4.14 et 4.15. Le rapport de dimensionnement optimum et 1.321 pour un angle d'inclinaison $\beta = 45°$ et 1.210 pour $\beta = 60°$.

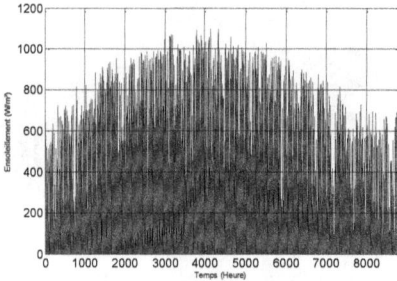
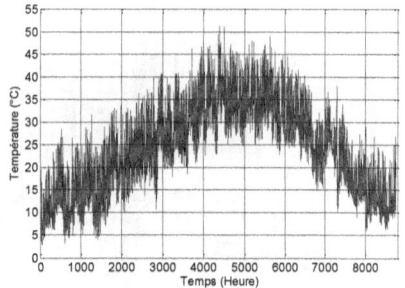

(a) Ensoleillement   (b) Température

Fig 4.13. Données météorologiques synthétiques pour Adrar

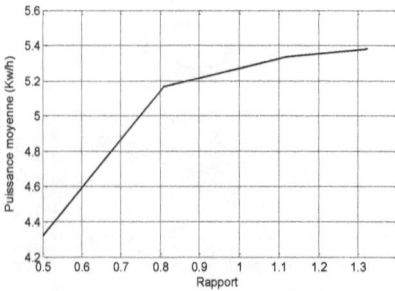
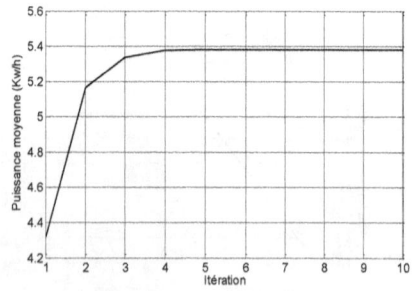

(a)   (b)

Fig 4.14. Résultats obtenus pour Adrar pour $\beta = 45°$

115

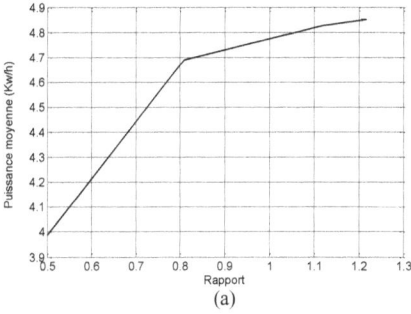
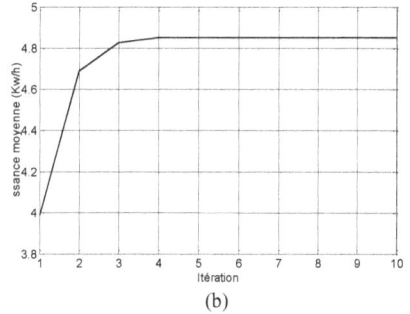

(a)   (b)

Fig 4.15. Résultats obtenus pour Adrar pour $\beta = 60°$

La figure 4.16 montre les données météorologiques synthétiques générées par PVSYS pour la ville de Tamanrasset (Sud de l'Algérie).

Les résultats obtenus pour ce site sont montrés dans les figures 4.17 et 4.18. Le rapport de dimensionnement optimum et 1.451 pour un angle d'inclinaison $\beta = 45°$ et 1.321 pour $\beta = 60°$.

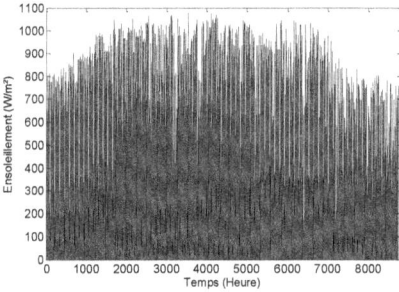
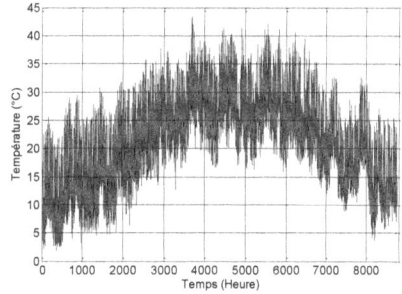

(a) Ensoleillement   (b) Température

Fig 4.16. Données météorologiques synthétiques pour Tamanrasset

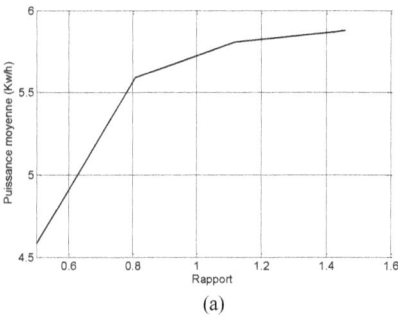
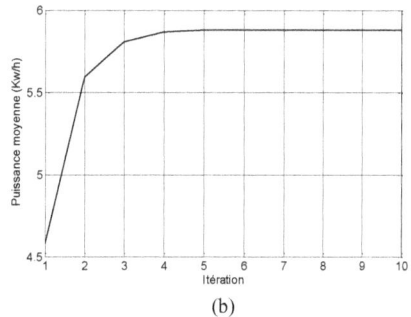

(a)   (b)

Fig 4.17. Résultats obtenus pour Tamanrasset pour $\beta = 45°$

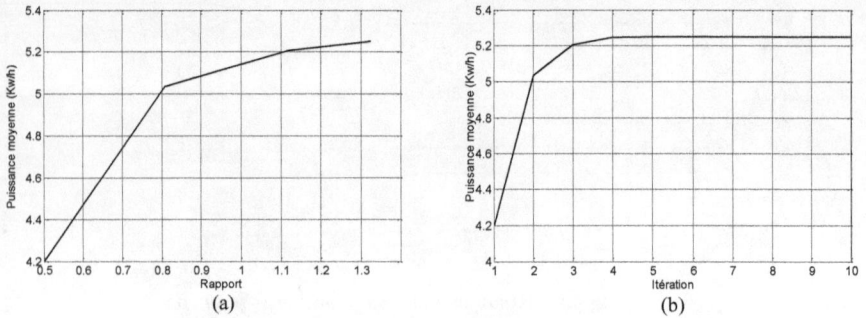

Fig 4.18. Résultats obtenus pour Tamanrasset pour $\beta = 60°$

Les figures précédentes montrent que la méthode converge rapidement vers le rapport optimum (4 à 5 itérations au maximum). L'absence d'ondulation et de dépassement dans la valeur maximale de la puissance moyenne peut indiquer que les résultats obtenus sont précis. On constate aussi que le rendement obtenu pour l'angle d'inclinaison de 45° et meilleur que celui obtenu pour l'angle de 60°, cependant le rapport de dimensionnement et plus élevé ce qui augmente le coût du système.

La détermination du rapport de dimensionnement, pour un angle variant de 0°, c'est-à-dire la position horizontale, à 90°, c'est-à-dire la position verticale, avec un pas de 10°, a été faite par la même méthode. Les figures 4.19 à 4.22 montrent les résultats obtenus pour les quatre sites. De nouveau les résultats montre que les meilleurs rendements sont obtenus pour pratiquement les rapports de dimensionnement les plus élevés.

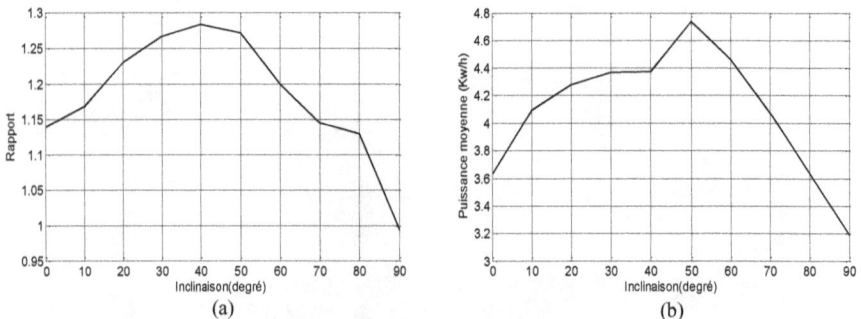

Fig 4.19. Résultats obtenus pour Batna

117

(a)   (b)

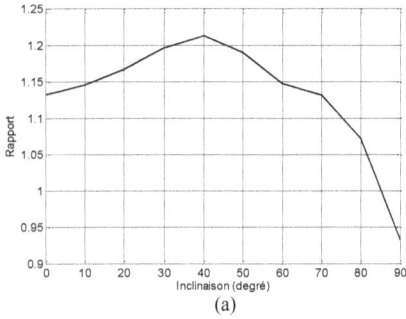

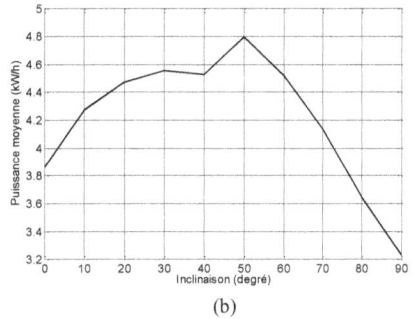

Fig 4.20. Résultats obtenus pour Alger

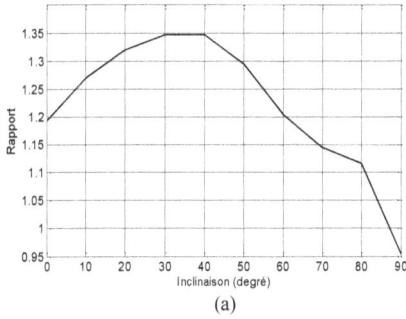

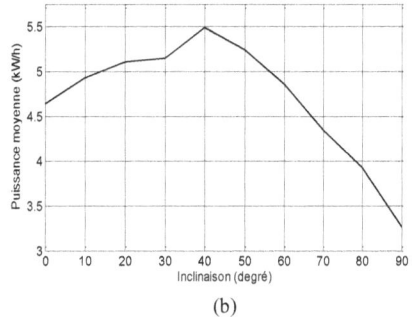

(a)   (b)

Fig 4.21. Résultats obtenus pour Adrar

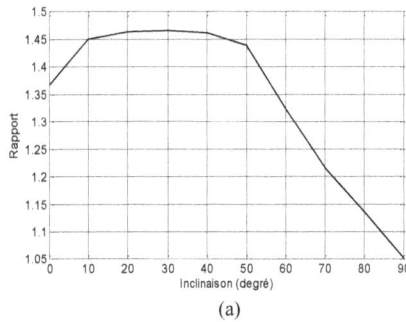

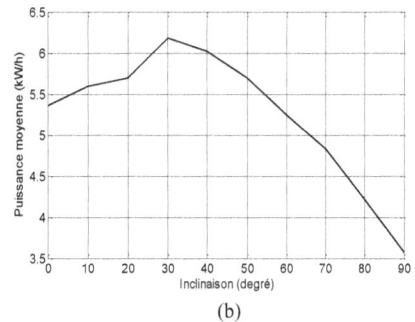

(a)   (b)

Fig 4.22. Résultats obtenus pour Tamanrasset

8. Conclusion

Dans ce chapitre, la détermination du rapport de dimensionnement optimum entre le générateur photovoltaïque et l'onduleur, pour une installation photovoltaïque connectée au réseau, et ce pour quatre villes algériennes, a été effectuée en utilisant la logique floue type-2. D'abord nous avons déterminé les paramètres du générateur photovoltaïque que nous avons utilisé dans les simulations puis nous avons décrits les différentes parties de l'optimisateur employé. Les résultats montrent que pour obtenir les meilleurs rendements, il faut avoir pratiquement les rapports de dimensionnement les plus élevés, ce qui implique les coûts les plus élevés aussi. Une étude économique qui inclut des contraintes de coût doit compléter ce travail pour faire un compromis entre les rendements de productions et les coûts des systèmes. Vu que des données synthétiques ont été utilisées dans cette étude, des études pratiques de longue durée doivent être réalisées pour valider les résultats obtenus.

CONCLUSION GENERALE

CONCLUSION GENERALE

Le but de ce travail a été au début d'apporter une contribution à l'optimisation des systèmes photovoltaïques en générale en utilisant des techniques relevant de l'intelligence artificielle. Le choix des méthodes intelligentes n'a pas été fait arbitrairement, mais à cause de la nature même des systèmes photovoltaïques. Ces derniers présentent des caractéristiques fortement non linéaires, et les conditions climatiques dont leur production d'énergie dépend sont des phénomènes hautement aléatoires. Hors les techniques intelligentes présentes l'avantage de l'adaptabilité face aux changements des paramètres des systèmes, et leurs robustesses envers les perturbations et les erreurs de modélisation. Une autre caractéristique importante c'est leur possibilité d'être employé pour modéliser et commander des systèmes non linéaires.

En Algérie, beaucoup de travaux ont été réalisés sur les systèmes photovoltaïques automne, et d'ailleurs beaucoup de cites isolés sont alimentés en énergie grâce à des installations photovoltaïques. Néanmoins les systèmes connectés au réseau électrique restent peut explorés dans notre pays. Hors ces systèmes, et grâce à l'amélioration du rendement des panneaux photovoltaïques, promettent d'être l'avenir du photovoltaïque.

Dans le but de combler ce vide nous avons décidé de nous focaliser sur ce type de système dans ce travail.

Après une présentation générale des systèmes photovoltaïques au premier chapitre, notre attention c'est tourné vers les systèmes connectés au réseau. La modélisation et la commande des différentes composantes du système par des méthodes classiques ont été abordées en s'aidant de la représentation énergétique macroscopique (REM) au chapitre deux. Le système a été simulé, en utilisant le modèle moyen, dans l'environnement Matlab/SIMULINK. Différentes conditions de fonctionnement normal et anormal, ont été étudiées. Les résultats obtenus ont montrées que quelques soit les conditions de fonctionnements, le système transmet quasiment la totalité de l'énergie produite par le générateur photovoltaïque vers le réseau de distribution. Les résultats ont montré aussi que le système est assez robuste fasse aux pannes du réseau; il revient aux conditions de fonctionnement normal aussitôt que la panne est passée.

Dans le chapitre trois on a essayé d'introduire les techniques intelligentes dans la commande du système. Pour l'optimisation du fonctionnement du générateur photovoltaïque, un MPPT à base de la logique floue type-1 a été proposé. Une étude comparative entre ce dernier et un MPPT classique a montrée une nette amélioration des résultats par l'utilisation de l'MPPT intelligent.

Pour rendre compte de la pollution harmonique induite par l'interconnexion du GPV au réseau de distribution, une matrice d'interrupteurs a été introduite au modèle étudié au chapitre deux. Pour la commande de cette matrice, plusieurs générateurs de connexions ont été étudiés. L'utilisation des correcteurs PI pour les boucles de courant a aboutit à des résultats peut satisfaisants car elle engendre un déphasage entre les courants injectés et les tensions du réseau. Pour palier à ce problème on a substitué ceux-ci par des correcteurs résonnants qui ont donnés des résultats meilleurs. Un générateur de connexions à base de réseaux de neurones a été proposé dans ce chapitre. Ce générateur a permit d'obtenir des résultats meilleurs que ceux des autres générateurs classiques étudiés.

Dans le chapitre quatre, la détermination du rapport de dimensionnement optimum entre le générateur photovoltaïque et l'onduleur, pour une installation photovoltaïque connectée au réseau, et ce pour quatre villes algériennes, a été effectuée en utilisant la logique floue type-2. Les résultats montrent que pour obtenir les meilleurs rendements, il faut avoir pratiquement les rapports de dimensionnement les plus élevés, ce qui implique les coûts les plus élevés aussi. Une étude économique qui inclut des contraintes de coût doit compléter ce travail pour faire un compromis entre les rendements de productions et les coûts des systèmes. Vu que des données synthétiques ont été utilisées dans cette étude, des études pratiques de longue durée doivent être réalisées pour valider les résultats obtenus.

Cette étude n'a pas traité le problème de l'îlotage, ce problème surviens quand un générateur connecté au réseau continu de fonctionné normalement alors qu'il y a coupure dans le réseau de distribution. Ceci peut représenter un danger pour le personnel de maintenance. La solution de ce problème consiste à la détection de la coupure du réseau et à la déconnection du générateur du réseau. Des travaux en été réalisés sur ce sujet en utilisant des méthodes classiques. Comme perspective pour ce travail, on pourra envisager de traiter ce sujet en utilisant des techniques intelligentes.

ANNEXE 1

Réseaux de neurones artificiels

Dans cette annexe nous allons donner un bref aperçut sur les réseaux de neurones artificiel. Le contenu de cette annexe est inspiré de [69][70][71].

1. Introduction

De nombreux termes sont utilisés dans la littérature pour désigner le domaine des réseaux de neurones artificiels, comme connexionnisme ou neuromimétique. Les réseaux de neurones artificiels ne désignent que les modèles manipulés ; ce n'est ni un domaine de recherche, ni une discipline scientifique. Connexionnisme et neuromimétique sont tous deux des domaines de recherche à part entière, qui manipule chacun des modèles de réseaux de neurones artificiels, mais avec des objectifs différents. L'objectif poursuivi par les ingénieurs et chercheurs connexionnistes est d'améliorer les capacités de l'informatique en utilisant des modèles aux composants fortement connectés. Pour leur part, les neuromiméticiens manipulent des modèles de réseaux de neurones artificiels dans l'unique but de vérifier leurs théories biologiques du fonctionnement du système nerveux central.

2. Définition

Les réseaux de neurones artificiels sont des réseaux fortement connectés de processeurs élémentaires fonctionnant en parallèle. Chaque processeur élémentaire calcule une sortie unique sur la base des informations qu'il reçoit.

3. Historique

- 1890 : W. James, célèbre psychologue américain introduit le concept de mémoire associative, et propose ce qui deviendra une loi de fonctionnement pour l'apprentissage sur les réseaux de neurones connue plus tard sous le nom de loi de Hebb.

- 1943 : J. Mc Culloch et W. Pitts laissent leurs noms à une modélisation du neurone biologique (un neurone au comportement binaire). Ceux sont les premiers à montrer que des réseaux de neurones formels simples peuvent réaliser des fonctions logiques, arithmétiques et symboliques complexes.

- 1949 : D. Hebb propose la loi de modification des propriétés des connexions entre neurones.

- 1957 : F. Rosenblatt développe le modèle du Perceptron. Il construit le premier neuro-ordinateur basé sur ce modèle et l'applique au domaine de la reconnaissance de formes.

- 1960 : B. Widrow développe le modèle Adaline (Adaptative Linear Element). Dans sa structure, le modèle ressemble au Perceptron, cependant la loi d'apprentissage est différente. Celle-ci est à l'origine de l'algorithme de rétropropagation de gradient très utilisé aujourd'hui avec les Perceptrons multicouches. Les réseaux de type Adaline restent utilisés de nos jours pour certaines applications particulières.

- 1969 : M. Minsky et S. Papert publient un ouvrage qui met en exergue les limitations théoriques du perceptron. Limitations alors connues, notamment concernant l'impossibilité de traiter par ce modèle des problèmes non linéaires. Ils étendent implicitement ces limitations à tous modèles de réseaux de neurones artificiels.

- 1967-1982 : Toutes les recherches ne sont, bien sûr, pas interrompues. Elles se poursuivent, mais déguisées, sous le couvert de divers domaines comme : le traitement adaptatif du signal, la reconnaissance de formes, la modélisation en neurobiologie, etc.

- 1982 : J. J. Hopfield présente une théorie du fonctionnement et des possibilités des réseaux de neurones. Alors que les auteurs s'acharnent jusqu'alors à proposer une structure et une loi d'apprentissage, puis à étudier les propriétés émergentes ; J. J. Hopfield fixe préalablement le comportement à atteindre pour son modèle et construit à partir de là, la structure et la loi d'apprentissage correspondant au résultat escompté. Ce modèle est aujourd'hui encore très utilisé pour des problèmes d'optimisation.

- 1983 : La Machine de Boltzmann est le premier modèle connu apte à traiter de manière satisfaisante les limitations recensées dans le cas du perceptron. Mais l'utilisation pratique s'avère difficile, la convergence de l'algorithme étant extrêmement longue (les temps de calcul sont considérables).

- 1985 : La rétropropagation de gradient apparaît. C'est un algorithme d'apprentissage adapté aux réseaux de neurones multicouches (aussi appelés Perceptrons multicouches). Dès cette découverte, nous avons la possibilité de réaliser une fonction non linéaire d'entrée/sortie sur un réseau en décomposant cette fonction en une suite d'étapes linéairement séparables. De nos jours, les réseaux multicouches et la rétropropagation de gradient reste le modèle le plus étudié et le plus productif au niveau des applications.

4. Le neurone artificiel

C'est un processeur très simple qui calcule (le plus souvent) une somme pondérée et qui applique à cette somme une fonction de transfert f non linéaire (échelon, sigmoïde, gaussienne, ...). La figure A1.1 montre la structure d'un neurone artificiel.

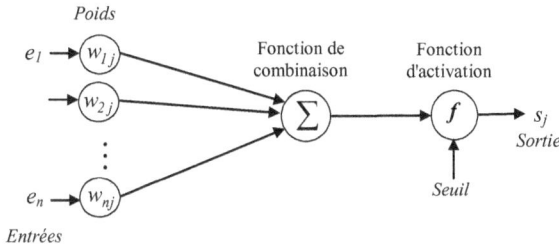

Fig A1.1. Structure d'un neurone artificiel

4.1. Fonction de combinaison

Chaque neurone reçoit des neurones en amont un certain nombre de valeurs via ses connexions synaptiques, et il produit une certaine valeur en utilisant une fonction de combinaison. Deux cas ce présente :

- Pour les réseaux de type MLP (Multi-Layer Perceptron) une combinaison linéaire des entrées est calculée, la fonction de combinaison renvoie le produit scalaire entre le vecteur des entrées et le vecteur des poids synaptiques.
- Pour les réseaux de type RBF (Radial Basis Function) la distance entre les entrées est calculées, la fonction de combinaison renvoie la norme euclidienne du vecteur issu de la différence vectorielle entre les vecteurs d'entrées.

4.2. Fonction d'activation

La fonction d'activation (ou fonction de seuillage, ou encore fonction de transfert) sert à introduire une fonction non-linéarité dans le fonctionnement du neurone.

Les fonctions de seuillage présentent généralement trois intervalles :

1. en dessous du seuil, le neurone est non-actif (souvent dans ce cas, sa sortie vaut 0 ou -1) ;
2. aux alentours du seuil, une phase de transition ;
3. au-dessus du seuil, le neurone est actif (souvent dans ce cas, sa sortie vaut 1).

Les fonctions d'activation les plus utilisées sont :

1. une sigmoïde.
2. une gaussienne.
3. un échelon.

5. Différents types

Il existe deux types de réseaux de neurones:

5.1. Les réseaux non bouclés

C'est une succession de couches dont chacune prend ses entrées sur les sorties de la précédente. Chaque couche (i) est composée de N_i neurones, prenant leurs entrées sur les N_{i-1} neurones de la couche précédente. Ils sont utilisés en classification, reconnaissance des formes (caractères, parole, ...), en prédiction etc. La figure A1.2 en donne un exemple.

5.2. Les réseaux bouclés

Le réseau de neurones peut également contenir des boucles qui en changent radicalement les possibilités mais aussi la complexité. Ils sont utilisés comme mémoire associative (Hopfield, réseaux à attracteurs) ou pour des tâches de traitement du signal ou de commande. La figure A1.3 en donne un exemple.

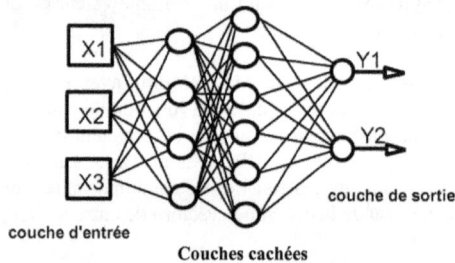

Fig A1.2 Exemple de réseau non bouclé

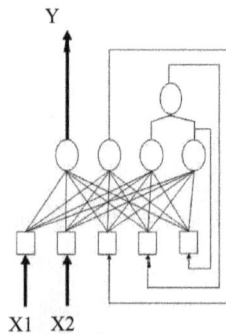

Fig A1.3 Exemple de réseau bouclé

6. Apprentissage

À partir d'exemples de cou[...] modifie les paramètres w_{ij} (poids des connexions) et é[...]re (en créant/éliminant

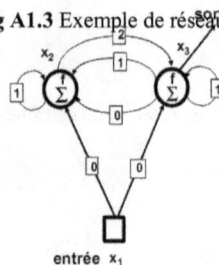

neurones ou connexions). Il existe deux type d'apprentissage: supervisé et non supervisé.

6.1. Apprentissage supervisé

L'apprentissage supervisé est l'adaptation des coefficients synaptiques d'un réseau afin que pour chaque exemple, la sortie du réseau corresponde à la sortie désirée.

6.2. Apprentissage non-supervisé

Lors d'un apprentissage non-supervisé, le réseau est laissé libre de converger vers n'importe quel état final lorsqu'on lui présente un motif.

6.3. Rétropropagation

La rétropropagation consiste à rétropropager l'erreur commise par un neurone à ses synapses et aux neurones qui y sont reliés. Pour les réseaux de neurones, on utilise habituellement la rétropropagation du gradient de l'erreur, qui consiste à corriger les erreurs selon l'importance des éléments qui ont justement participé à la réalisation de ces erreurs : les poids synaptiques qui contribuent à engendrer une erreur importante se verront modifiés de manière plus significative que les poids qui ont engendré une erreur marginale.

6.4. Algorithme de rétropropagation

L'algorithme est composé des étapes suivantes:

1. Présentation d'un motif d'entraînement au réseau.
2. Comparaison de la sortie du réseau avec la sortie ciblée.
3. Calcul de l'erreur en sortie de chacun des neurones du réseau.
4. Calcul, pour chacun des neurones, de la valeur de sortie qui aurait été correcte.
5. Définition de l'augmentation ou de la diminution nécessaire pour obtenir cette valeur (erreur locale).
6. Ajustement du poids de chaque connexion vers l'erreur locale la plus faible.
7. Attribution d'un blâme à tous les neurones précédents.
8. Recommencer à partir de l'étape 4, sur les neurones précédents en utilisant le blâme comme erreur.

ANNEXE 2

Circuits Matlab/SIMULINK

1. Simulation du système étudié avec le modèle moyen

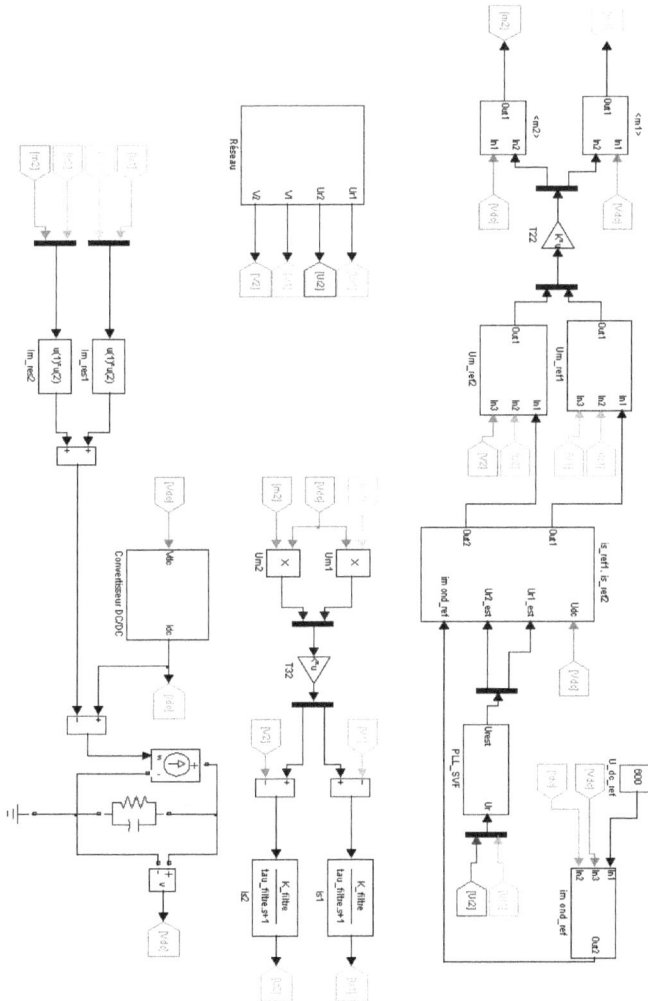

2. Convertisseur DC/DC

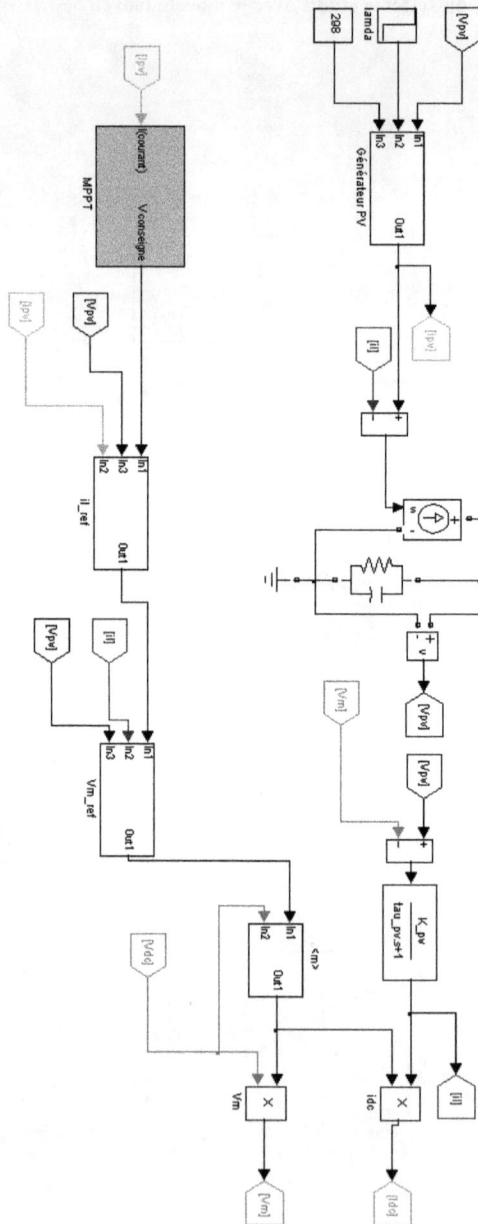

3. PLL SVF

$$BE = \begin{bmatrix} 1-\gamma & 0 \\ 0 & 1-\gamma \end{bmatrix}$$

$$EE = U_{r\,max} \begin{bmatrix} -sin(\pi/3) & cos(\pi/3) \\ 0 & 1 \end{bmatrix}$$

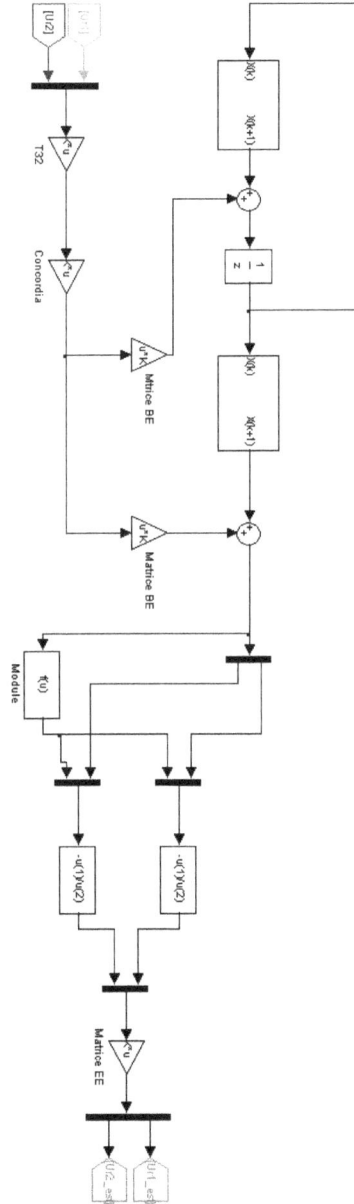

132

4. Simulation du système étudié avec une matrice d'interrupteurs

REFERENCES
BIBLIOGRAPHIQUES

REFERENCES BIBLIOGRAPHIQUES

[1] A. Luque and S. Hegedus, "Handbook of Photovoltaic Science and Engineering". Wiley. 2003.

[2] F. Lasnier and T.G. Ang, "Photovoltaïc ingenieering Handbook", The Adam Hilger. 1990.

[3] A. Laugier et J. A Roger, "Les photopiles solaire : du matériau au dispositif du dispositif aux applications". Technique et documentation. 1981.

[4] T. Fogelman, " Système photovoltaïque pour les pays en développement, manuel d'installation et d'utilisation", Agence Française pour la Maîtrise de l'énergie, (AFME).

[5] C. Bernard, J.Chauvin, D. Lebrun, J.F Muraz, P. Stassi, " Station solaire autonome pour l'alimentation des antennes de l'expérience de radio détection à l'Observatoire Pierre Auger " .2006

[6] A. Ould Mohamed Yahya, A. Ould Mahmoud et I. Youm, " Etude et modélisation d'un générateur photovoltaïque ", Revue des Energies Renouvelables Vol. 11 N°3 (2008) 473 – 483.

[7] S.R. Wenham, M.A. Green, M.E. Wat and R. Corkish, "Applied photovoltaics ", Second Edition, ARC Centre for Advanced Silicon Photovoltaics and Photonics. 2007.

[8] V. P. Koch, R. Hezel, A. Goetzberger, "High-Efficient Low-Cost Photovoltaics. Recent Developments", Springer Series in Optical Sciences. 2009.

[9] "Planning and Installing Photovoltaic Systems: A guide for installers, architects and engineers", second edition. Earthscan. 2008.

[10] M .Belhadj, " Modélisation d'un système de captage photovoltaïque autonome " Mémoire de magistère .Option : Microélectronique –Photovoltaïque, Centre Universitaire De Bechar Institut des Sciences Exactes 2007/2008.

[11] Y. Pankow, "Etude de l'intégration de la production décentralisée dans un réseau Basse Tension. Application au générateur photovoltaïque". Thèse de doctorat de l'Ecole Nationale Supérieure d'Arts et Métiers. 2004.

[12] B. François, "Formalisme de modélisation et de synthèse des commandes appliquées aux convertisseurs statiques à structure matricielle". Thèse de doctorat de l'Université des Sciences et Technologies de Lille. 1996.

[13] J.P. Hautier, J. P. Caron, "Convertisseur statiques – Méthodologie causale de modélisation et de commande", Edition Technip. 1999.

[14] J. P. Hautier , P. J. Barre, "The Causal Ordering Graph. A tool for system modeling and control law synthesis", Studies in informatics and control, Vol. 13, No. 4, December 2004, pp.265-283.

[15] A. Bouscayrol, "Formalisme de représentation et de commande appliqués aux systèmes électromécaniques multimachines multiconvertisseurs". Habilitation à diriger des recherches, (H405), 2003.

[16] Zhou K, Wang D. "Relationship between space vector modulation and three phase carrier-based pwm: a comprehensive analysi". IEEE Trans Ind Electron 2002; 48.

[17] A. R. Millner, "Improved Photovoltaic Battery chargers for lower maintenance and higher efficiency", IEEE Photovoltaic Conversion, 1981.

[18] G. Bettenwort, J. Bendfeld, C. Drilling, M. Groufk, E. Ortjohann, S. Rump, J. Vob, "Model for evaluating MPP methods for grid-connected PV power plants", 16th European photovoltaic solar energie conference and exhibition Scottish exhibition + conference center Glasgow, united kingdom 1-5 may 2000.

[19] G. W. Hart, "Experimental Tests of open-loop maximum power point tracking techniques for photovoltaic arrays", Sollar cells, Vol. 13, N° 6, pp. 185-195. 1994.

[20] T. Fogelman, "Installations photovoltaïques dans l'habitat isolé", Edisud, Aix-en-Provence. 1983.

[21] M. Machmoum, N. Bruyant, et M.A.E. Alali S. Saadate, "Stratégies de dépollution active des réseaux électriques: Partie i : Commande généralisée et analyse de performances d'un compensateur actif parallèle", Revue de Génie Electrique (RIGE), Volume 4(3-4) : pp 293-316. 2001.

[22] J. Svenson, "Synchronization methods for grid connected voltage source converter", IEE Proc.-Gener. Transm. Distrib., vol 148(3). 2001.

[23] E. F. Mogoş, "Production décentralisée dans les réseaux de distribution. Etude pluridisciplinaire de la modélisation pour le contrôle des sources", Thèse de doctorat de l'Ecole Nationale Supérieure d'Arts et Métiers, Centre de Lille. 2005.

[24] N. Hamrouni, M. Jraidi, A. Cherif, "New control strategy for 2-stage grid-connected photovoltaic power system", Renewable Energy, vol 33, pp 2212-2221. 2008.

[25] A.A. Girgis, E.B Makram and W.B Chang, "A digital recursive measurement scheme for on-line tracking of power system harmonics", IEEE transaction on power delivery, vol 6(3) :pp 1153-1160. 1991.

[26] O. Vaino and S.J. Ovaska, "Noise reduction in zero crossing detection by predictive digital filtring", IEEE transaction on industrial electronics, vol 42(1): pp 58-62. 1995.

[27] M. PINARD, "Convertisseur et électronique de puissance, Commande, description, mise en œuvre. Applications avec LabVIEW", Edition Dunod. 2007.

[28] N.E. Rasmussen, H.M. Branz, "The dependence of delivered energy on power conditioner electrical characteristics for utility-interactive PV systems". In: 15th IEEE Photo-voltaic Specialists Conference, Kissimmee, Florida, USA, 1981.

[29] L. Keller, P. Affolter, "Optimizing the panel area of a photovoltaic system in relation to the static inverter-practical results". Solar Energy 55, 1995, pp. 1-7.

[30] G. Nofuentes, G. Almonacid, "An approach to the selection of the inverter for architecturally integrated photovoltaic grid-connected systems". Renewable Energy 15, 1998, pp. 487-490.

[31] D.J. Mondol et al., "Comparison of measured and predicted long term performance of grid connected photovoltaic system". Energy Conversion And Management 48, 2007, pp. 1065-1080.

[32] D.J. Mondol et al., "Optimal sizing of array and inverter for grid-connected photovoltaic systems". Solar Energy 80, 2006, pp. 1517-1539.

[33] S. Owczarek, "Vector model for calculation of solar radiation intensity and sums incident on tilted surfaces. Identification for the three sky condition in Warsaw". Renewable Energy, Vol. 11, No. 1, 1997, pp. 77-96.

[34] N.N. Kamik, , J.M. Mendel, and Q. Liang, "Type-2 fuzzy logic system", IEEE Trans. Fuzzy Syst., 2000, 8, (5), pp. 535-550.

[35] Q. Liang, N. Kamik and J. Mendel, "Connection admission control in ATM networks using survey-based type-2 fuzzy logic system", IEEE Trans. Syst. Man Cybern. C, Appl. Rev., 30, (4), 2000, pp.329-339.

[36] G. Notton, et al., "Predicting hourly solar irradiations on inclined surfaces based on the horizontal measurements: Performances of the association of well-known mathematical models". Energy Conversion and Management 47, 2006, pp. 1816-1829.

[37] W. Coppye , W. Maranda , Y. Nir , L. De Gheselle, J. Nijs, "Detailed comparison of the inverter operation of two grid-connected PV demonstration systems in Belgium". In: 13th European Photovoltaic Solar Energy Conference, Nice, France, 1995, pp 1881-1884.

[38] B. Burger, R. Rüther, "Inverter sizing of grid-connected photovoltaic systems in the light of local solar resource distribution characteristics and temperature". Solar Energy 80, 2006, pp. 32-45.

[39] W. Maranda, G.D. Mey, A.D. Vos, "Optimization of the master–slave inverter system for grid-connected photovoltaic plants". Energy Conversion and Management 39, 1998, pp. 1239-1246.

[40] M.H. Macagnan, E. Lorenzo, "On the optimal size of inverters for grid connected PV systems". In: 11th European Photovoltaic Solar Energy Conference, Montreux, Switzer-land, 1992, pp. 1167-1170.

[41] M. Jantsch, H. Schmidt, J. Schmid, "Results of the concerted action on power conditioning and control". In: 11th Photovoltaic Solar Energy Conference, Montreux, Switzer-land , 1992, pp. 1589-1593.

[42] A. Louche, G. Notton, P. Poggi, G. Peri, "Global approach for an optimal grid connected PV system sizing". In: 12th European Photovoltaic Solar Energy Conference, Amsterdam, The Netherlands, 1994, pp. 1638-1641.

[43] D.J. Mondol et al., " Solar radiation modelling for the simulation of photovoltaic systems", Renewable Energy 33, 2008, pp 1109-1120

[44] A. Mellit et al., "Artificial intelligence techniques for sizing photovoltaic systems: A review", Renewable and Sustainable Energy Reviews, 2008.

[45] O. Perpiñan et al., "On the complexity of radiation models for PV energy production calculation", Solar Energy 82, 2008, pp. 125-131

[46] A. Mellit et al., "Methodology for predicting sequences of mean monthly clearness index and daily solar radiation data in remote areas: Application for sizing a stand-alone PV system", Renewable Energy 33, 2008, pp 1570-1590.

[47] R.J. Aguiar et al., "Simple procedure for generating sequences of daily radiation values using a library of Markov transition matrices". Solar Energy Vol 40, N°3, 1988, pp 269-279.

[48] R.J. Aguiar, M. Collares-Pareira, "TAG: a time-dependent, autoregressive, Gaussien model for generating synthetic hourly radiation". Solar Energy Vol 49, No 3, 1992, pp 167-174.

[49] M. Iqbal, "An introduction to solar radiation". Canada: Academic Press; 1983, ISBN 0-12-373752-4.

[50] PVSYST V4.37 Study of photovoltaic systems (Help manual).

[51] B.Bouzidi et al., "Assessment of a photovoltaic pumping system in the areas of the Algerian Sahara", Renew Sustain Energy Rev, 2008.

[52] TU. Townsend, "A method for estimating the long-term performance of direct-coupled photovoltaic". MS thesis, Solar Energy Laboratory, University of Wisconsin, Madison (USA), 1989.

[53] JA. Duffie, WA. Beckman, "Solar engineering of thermal processes". 2nd ed. John Wiley and sons; 1991.

[54] L.A. Zadeh: "The concept of a linguistic variable and its application to approximate reasoning", Inf. Sci., 1975, 8, pp. 199-249.

[55] Q. Liang and J.M. Mendel: "Interval type-2 fuzzy logic systems: theory and design", IEEE Trans. Fuzzy Syst., 2000, 8, (5), pp. 535-550.

[56] J. M. Mendel: "Uncertain Rule-Based Fuzzy Logic Systems: Introduction and New Directions", Upper Saddle River, NJ: Prentice-Hall. 2001.

[57] http://eosweb.larc.nasa.gov/sse/

[58] Mellit A, Kalogirou SA. "Artificial intelligence techniques for photovoltaic applications: A review". Progress Energy Combust Sci (2008), doi:10.1016/j.pecs.2008.01.001

[59] IEEE standard for Interconnecting Distributed Resources with Electrical Power Systems, IEEE STD 1547-2003, New York, NY: IEEE Press. 2003.

[60] D. Loriol "Conception et réalisation d'un modulateur de largeur d'impulsion au moyen de circuits logiques programmables associés à un processeur de signal numérique". Mémoire d'ingénieur CNAM. 2000.

[61] Ph. DEGOBERT, "Modélisation causale appliquée au systèmes électriques". Séminaire CPGE PTSI. 2004.

[62] B. François, "Conception des dispositifs de commande des convertisseurs par modulation directe des conversions. Perspectives pour l'insertion de production d'énergie dispersée dans les réseaux électriques". Habilitation à diriger les recherches, UST-LILLE. 2003.

[63] "Guide détection et filtrage des harmoniques". Schneider Electric. 2008.

[64] M.Y. Vaziri, S. Vadhva, S. Ghadiri, C. J. Hoffman, K. K. Yagnik. " Standards, Rules, and Issues for Integration of Renewable Resources". CSUS, IEEE paper. 2009.

[65] F. Vandecasteele. "Alimentation optimisée d'une machine asynchrone diphasée à commande vectorielle". Thèse de doctorat Université des sciences et Technologies de Lille. Décembre 1998.

[66] Y. Sato, T. Ishizuka, K. Nezu, T Kataoka, "A new Strategy for Voltage-type PWM Rectifiers to Realise Zero Steady-state Control Error in Input Current", IEEE Transactions on Industry Applications, Vol. 34, no 3, pp. 480-485, May/June 1998.

[67] J. Pierquin, "Contribution à la commande des système multimachines multiconvertisseurs " Thèse de doctorat Université des sciences et Technologies de Lille, Juillet 2002.

[68] J. P. Louis, B. Multon, Y Bonnassieux, M. Lavabre, "Commande des machines à courant continu à vitesse variable", Traité de Génie Electrique D3610-3611, Techniques de l'ingénieur, Paris. 1988.

[69] C. Touzet, " Les réseaux de neurones artificiels. Introduction au connexionnisme", Cours et exercices et travaux pratiques. Juillet 1992.

[70] F. Moutarde, "Introduction aux réseaux de neurones". CAOR, MINES ParisTech. Janvier 2010.

[71] www.wikipédia.org